分析化学
実技シリーズ
機器分析編 ● 15

（公社）日本分析化学会【編】
編集委員／委員長　原口紘炁／石田英之・大谷　肇・鈴木孝治・関　宏子・平田岳史・吉村悦郎・渡會　仁

淺川　雅・岡嶋孝治・大西　洋【著】

走査型
プローブ顕微鏡

共立出版

「分析化学実技シリーズ」編集委員会

編集委員長	原口紘炁	名古屋大学名誉教授・理学博士
編集委員	石田英之	元 大阪大学特任教授・工学博士
	大谷 肇	名古屋工業大学教授・工学博士
	鈴木孝治	慶應義塾大学名誉教授・工学博士
	関 宏子	元 千葉大学共用機器センター
		准教授・薬学博士
	平田岳史	東京大学教授・理学博士
	吉村悦郎	放送大学教授
		東京大学名誉教授・農学博士
	渡會 仁	大阪大学名誉教授・理学博士

(50 音順)

分析化学実技シリーズ
刊行のことば

　このたび「分析化学実技シリーズ」を（社）日本分析化学会編として刊行することを企画した．本シリーズは，機器分析編と応用分析編によって構成される全23巻の出版を予定している．その内容に関する編集方針は，機器分析編では個別の機器分析法についての基礎・原理・装置・分析操作・実施例に関する体系的な記述，そして応用分析編では幅広い分析対象ないしは分析試料についての総合的解析手法および実験データに関する平易な解説である．機器分析法を中心とする分析化学は現代社会において重要な役割を担っているが，一方産業界においては分析技術者の育成と分析技術の伝承・普及活動が課題となっている．そこで本シリーズでは，「わかりやすい」，「役に立つ」，「おもしろい」を編集方針として，次世代分析化学研究者・技術者の育成の一助とするとともに，他分野の研究者・技術者にも利用され，また講義や講習会のテキストとしても使用できる内容の書籍として出版することを目標にした．このような編集方針に基づく今回の出版事業の目的は，21世紀になって科学および社会における「分析化学」の役割と責任が益々大きくなりつつある現状を踏まえて，分析化学の基礎および応用にかかわる研究者・技術者集団である（社）日本分析化学会として，さらなる学問の振興，分析技術の開発，分析技術の継承を推進することである．

　分析化学は物質に関する化学情報を得る基礎技術として発展してきた．すなわち，物質とその成分の定性分析・定量分析によって得られた物質の化学情報の蓄積として体系化された分析化学は，化学教育の基礎として重要であるために，分析化学実験とともに物質を取り扱う基本技術として大学低学年で最初に教えられることが多い．しかし，最近では多種・多様な分析機器が開発され，いわゆる「機器分析法」に基礎をおく機器分析化学ないしは計測化学が学問と

i

して体系化されつつある．その結果，機器分析法は理・工・農・薬・医に関連する理工系全分野の研究・技術開発の基盤技術，産業界における研究・製品・技術開発のツール，さらには製品の品質管理・安全保証の検査法として重要な役割を果たすようになっている．また，社会生活の安心・安全にかかわる環境・健康・食品などの研究，管理，検査においても，貴重な化学情報を提供する手段として大きな貢献をしている．さらには，グローバル経済の発展によって，資源，製品の商取引でも世界標準での品質保証が求められ，分析法の国際標準化が進みつつある．このように機器分析法および分析技術は科学・産業・生活・経済などあらゆる分野に浸透し，今後もその重要性は益々大きくなると考えられる．我が国では科学技術創造立国をめざす科学技術基本計画のもとに，経済の発展を支える「ものづくり」がナノテクノロジーを中心に進められている．この科学技術開発においても，その発展を支える先端的基盤技術開発が必要であるとして，現在，先端計測分析技術・機器開発事業が国家プロジェクトとして推進されている．

　本シリーズの各巻が，多くの読者を得て，日常の研究・教育・技術開発の役に立ち，さらには我が国の科学技術イノベーションにも貢献できることを願っている．

「分析化学実技シリーズ」編集委員会

目　次

刊行のことば　*i*

Chapter 1　走査型プローブ顕微鏡のイロハ　*1*

1.1　走査型トンネル顕微鏡：走査型プローブ顕微鏡の始祖　*2*

1.2　STM で原子がみえる　*3*

1.3　STM で分子がみえる　*6*

1.4　STM による原子操作　*7*

1.5　原子間力顕微鏡：もっともよく使われる走査型プローブ顕微鏡　*8*

1.6　コンタクトモード AFM：もっとも単純な AFM　*9*

1.7　ダイナミック AFM：もっとやわらかい試料をみたい　*10*

1.8　市販の顕微鏡装置　*12*

Chapter 2　AFM にはじめてさわる　*15*

2.1　AFM プローブ　*16*

2.2　AFM プローブの種類　*17*

2.3　AFM プローブを購入する　*18*

コラム　バネ定数　*19*

2.4　AFM プローブをピンセットで取り扱う　*20*

2.5　ピンセットと手袋　*21*

2.6　コンタクトモードでの画像計測　*22*

コラム　スキャナ　*23*

iii

2.7	ダイナミックモードでの画像計測	*24*
	コラム バネの共振 *25*
2.8	測定例：食品ラップの大気中観察	*26*
2.9	マイカ基板 *29*
2.10	マイカの接着とへき開 *30*
2.11	測定例：マイカに塗布した高分子膜の大気中観察	*31*
2.12	マイカ基板を使って DNA の観察に挑戦する *32*
	コラム カンチレバーの励振法あれこれ *35*

Chapter 3   形状像の見方   *37*

3.1	探針形状の影響 *38*
3.2	ダブルチップ *39*
3.3	装置のドリフトによる画像のゆがみ *41*
3.4	一画面の走査にかかる時間 *42*
3.5	画像処理 *43*
3.6	ノイズの抑制 *45*
3.7	スキャナ駆動の直線性 *47*

Chapter 4   もう一歩先へ：生体物質の測定   *49*

4.1	タンパク質の AFM 観察例 *50*
4.2	マイカ表面のリジン処理 *52*
4.3	マイカ表面の APTES 処理 *54*
	コラム シラン化反応 *55*
4.4	観察溶液の濾過 *56*
	コラム 観察溶液が着色していたら *57*
4.5	生細胞の観察 *57*
4.6	エラー信号像の活用 *59*
4.7	脂質二重膜の観察例 *61*

目 次

Chapter 5 　さらに一歩先へ：弾性測定　　63

5.1　フォースカーブ　*64*

5.2　剛体表面のフォースカーブ　*65*

5.3　貝の接着　*67*

5.4　弾性体表面のフォースカーブ　*68*

5.5　探針圧入深さのマッピング　*70*

5.6　ヤング率　*71*

　コラム　AFM を利用したラマン分光と赤外分光　*74*

5.7　フォースカーブからヤング率を求める　*75*

5.8　とてもやわらかい弾性体のヤング率　*77*

5.9　粘性によるフォースカーブの変化　*78*

5.10　AFM で液体の局所密度を可視化する　*80*

Chapter 6 　さらに一歩先へ：局所仕事関数の測定　　83

6.1　ケルビン法　*84*

6.2　ケルビンプローブフォース顕微鏡　*85*

6.3　固体触媒モデルの局所仕事関数　*86*

Chapter 7 　さらに一歩先へ：プローブのいろいろ　　89

7.1　探針のかたち　*90*

7.2　探針先端のかたちを調べる　*91*

7.3　プローブの再使用　*92*

7.4　コロイドプローブ　*93*

7.5　コロイドプローブの自作法　*94*

7.6　カンチレバーのバネ定数を求める　*96*

　7.6.1　カンチレバーの形状からバネ定数を推定する　*96*

　7.6.2　熱振動スペクトルからバネ定数を決定する　*97*

  7.6.3 セイダー法でバネ定数を推定する *99*
  コラム ローレンツ関数 *100*

参　考　書 *102*
お わ り に *104*
索　　　引 *106*

イラスト／いさかめぐみ

Chapter 1

走査型プローブ顕微鏡のイロハ

「走査型プローブ顕微鏡はどんな顕微鏡なのか」を走査型トンネル顕微鏡と原子間力顕微鏡を例にあげて説明する．走査型プローブ顕微鏡について何も知らない読者を想定して説明するので安心して読みはじめてほしい．

1.1

走査型トンネル顕微鏡：走査型プローブ顕微鏡の始祖

　走査型プローブ顕微鏡（Scanning Probe Microscope, SPM）は小さな測定子（プローブ，Probe）で測定対象をなでて（走査して）ナノメーターサイズの形状を計測する顕微鏡の総称である．その始祖は 30 年ほど前に発明された走査型トンネル顕微鏡（Scanning Tunneling Microscope, STM）である．

　STM は鋭い金属針で導電性試料の表面を走査し，探針と試料のあいだに流れるトンネル電流を利用して表面の形状を画像計測する．平坦な固体（たとえば研磨した無機結晶）を観察するのであれば，表面を構成する原子ひとつひとつ，あるいは，吸着した分子ひとつひとつを解像する能力をもつ．

　金属探針と導電性試料のあいだに一定の電圧（数 V）を加えて，探針を試料に近づけていく．両者が接触しない限り電流は流れない．しかし，探針先端が試料表面から 1 nm（10^{-9} m で 1 μm の 1,000 分の 1）程度まで近づくと，両者の波動関数が重なり合うようになって，トンネル効果によって電子が探針から試料へ，または試料から探針へ移動できるようになる．このようにして探針と試料のあいだを流れる電流をトンネル電流とよぶ．

　トンネル電流の大きさは，電子がトンネルする確率に比例し，探針と試料との間隔を減らすと急激に増大する．トンネル電流がもつこの性質を利用して，トンネル電流を一定に保つように，すなわち探針−試料間隔を一定に保つように探針の高さを調節する．トンネル電流が設定した値より小さくなったら探針を試料に近づけ，設定値より大きくなったら探針を遠ざけるのである．この状態を保ちながら，探針を左から右へ走査すれば（**図 1.1**），試料表面の形状をなぞる一本の走査線が得られる．探針を奥行方向にずらして，左から右への走査を繰り返すことで，試料の表面形状を写しとった画像が得られる．このようにして計測した画像を定電流形状像（Constant Current Topography），略し

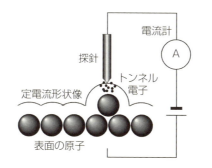

図 1.1 STM の原理

電流計で測定したトンネル電流が一定の値(操作者が設定した値)になるように探針と表面の間隔を調整する

て形状像(Topographic Image)とよぶ.さらに省略して「トポ像」ということもある.

1.2 STM で原子がみえる

　STM の発明者であるビニッヒとローラー(Gerd Binnig と Heinrich Rohrer,ともに IBM に所属する研究者)らが 1983 年に発表したシリコン(111)単結晶面の定電流形状像を図 1.2 に示す.100 本弱の走査線からなる形状像に,四隅にへこみ(図 1.2 で黒い部分)をもつひし形が 2 個がとらえられている.

　ダイヤモンド型構造をとるシリコン結晶の内部では,Si 原子はとなりあう 4 個の Si 原子と共有結合で結ばれている.結晶を切断して(111)表面を作ると,最表面に露出した Si 原子は 4 本の共有結合のうち 1 本を切断されてしまう.このような状態にある Si 原子は不対電子をもつのでラジカルとみなすことができる.Si 結晶の(111)表面はラジカルで満ちているのである.2 個のラジカ

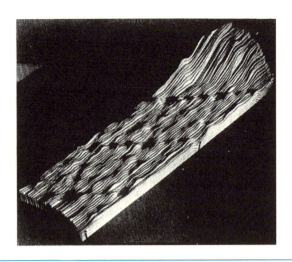

図 1.2 Si(111)−(7×7)再構成表面を真空中で STM 観察した形状像

【出典】G. Binnig, H. Rohrer, Ch. Gerber, E. Weibel：*Phys. Rev. Lett.*, **50**, 120（1983）.

ルは不対電子を 1 個ずつ提供して共有結合を作りたい．そのためには 2 個の表面の Si 原子が共有結合を作る距離まで接近しなければならない．表面の Si 原子を動かすにはエネルギーが必要だから，新たな共有結合を作ることによって獲得できるエネルギーと，Si 原子を元の位置から移動させることで消費されるエネルギーがバランスをとるように表面の構造が変化する．このようにして元の(111)結晶面とまったく異なる原子配置があらわれる．

このようなメカニズムによる表面原子の再配置はシリコン，ダイヤモンド，GaAs などの共有結合性半導体の表面でしばしば発生する．シリコン結晶(111)表面を真空中で加熱するといくつかの再配置構造（表面科学の言葉では表面再構成とよぶ）があらわれることが 1980 年代には知られており，そのひとつを(7×7)再構成表面と名付けていた．再構成した表面の原子配置を電子ビームの回折パターンなどにもとづいて決定することはおこなわれていたが，そのようにして提案された複数の表面構造モデルの当否を判定することが必要な状況にあった．このような時代に(7×7)再構成表面の原子配置を顕微鏡で撮影した写真として，図 1.2 は世界中の研究者に強いインパクトを与えた．

　(7×7)再構成表面の原子配置として最終的に認められた構造を**図 1.3** に示

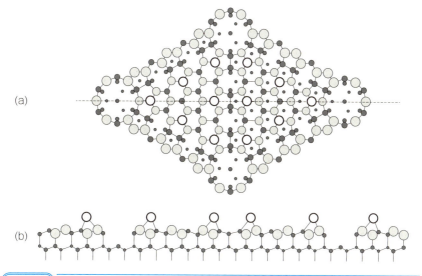

図1.3 Si(111)−(7×7)再構成表面の原子配置

表面の構造単位であるひし形を真上から見おろした図を (a) に示す．点線にそって切断した断面を (b) に示す．

す．ひし形の四隅のへこみは本当に Si 原子の欠けた穴である．ひし形ひとつあたり12個の Si 原子（図1.3の白丸）が表面から飛び出した位置に移動している．図1.2の形状をじっくり眺めると，対応する位置がたしかに盛り上がっている．このようにして，STM が原子1個を撮影できる顕微鏡であることが実証された．

STM を発明して1個ずつの原子を撮像した功績によってビニッヒとローラーは1986年にノーベル物理学賞を受賞した．今日まで30年のあいだにSTM装置の技術は進歩して走査線は緻密になり，極低温から高温にいたる温度制御や，ガス中や液中での測定も可能になった．

1.3 STMで分子がみえる

　原子 1 個を観測する STM の能力を十分に発揮させれば，大きさの異なる吸着分子をはっきり識別することができる．酸化チタン（TiO_2）単結晶表面に吸着したギ酸イオン（$HCOO^-$）と酢酸イオン（CH_3COO^-）の混合単分子層を真空中で STM 観察した形状像を図 1.4 に示す．画面全体を覆う点像がひとつひとつの有機分子イオンであり，CH_3 基 1 個分だけ背の高い酢酸イオンがより明度の高い白色で表示されている．このような単一分子の画像化は最先端の透過型電子顕微鏡や走査型電子顕微鏡をもってしても不可能であり，STM がもっとも得意とするところである．

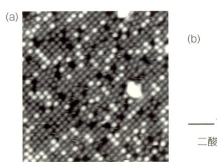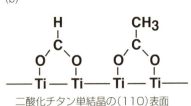

図 1.4 酢酸イオンとギ酸イオンが混合吸着した TiO_2(110) 結晶面

（a）真空中で STM 観察した形状像と（b）吸着イオンの構造モデル．形状像のサイズ：18×18 nm.
【出典】H. Uetsuka, A. Sasahara, A. Yamakata, H. Onishi：*J. Phys. Chem. B*, **106**, 11549 (2002).

1.4 STMによる原子操作

　STMは固体表面を観察するだけではなく，探針先端で単一原子分子を操作（押したり，引いたり，持ち上げたり，化学変化を起こさせたり）することもできる．原子操作の典型例を図1.5に示す．ニッケル金属結晶を極低温に冷やしてキセノンガスを吹き付けるとキセノン原子が物理吸着する．1990年にアイグラーらはランダムな位置に吸着したキセノン原子をSTM探針を使ってひとつひとつ動かして原子文字を作成した．人間の手によって原子をひとつひとつ移動して，nmスケールの集積構造を組み立てる（アセンブルする）可能性を鮮やかに示した研究として記憶されている．

　この例に象徴されるように，STMの開発がnmスケールの世界への扉を大きく開け放った．小さなブロックを組み立てて大きな構造体を作るボトムアップ的な製造法が，ここまで小さなモノを，ここまできれいに作りあげる能力を持っていることの衝撃は大きかった．これを契機として新しいナノマテリアルを作りだそうとする機運が急速に高まり，ナノテクノロジーと総称される研究領域の進展が一気に加速した．

図1.5　STMを使って作製した原子文字

【出典】https://www-03.ibm.com/press/us/en/photo/28500.wss

1.5

原子間力顕微鏡：もっともよく使われる走査型プローブ顕微鏡

　絶縁体は STM を使って観察できない．試料に電流を流すことができないので，探針と試料のあいだのトンネル電流を測ることができないためである．セラミックス，合成高分子，生体材料などのさまざまな絶縁性物質の計測には，STM から派生した原子間力顕微鏡（Atomic Force Microscope, AFM）が広く利用されている．金属や半導体を AFM で観察することもできるので，現在市販されている走査型プローブ顕微鏡装置の多くは AFM をベースにしたものである．

　AFM は伝導体に限らず半導体，絶縁体などのさまざまな固体材料の表面形状を計測できる．観察対象は無機材料から高分子，生体分子など幅広い．AFM で観察する形状像の位置分解能は nm オーダーであり，光学顕微鏡（位置分解能は μm）に比べてはるかに分解能が高い．さらに真空中，大気中から液中までさまざまな環境下で計測できることも大きな特徴であり，走査型電子顕微鏡（Scanning Electron Microscope, SEM）や透過型電子顕微鏡（Transmission Electron Microscope, TEM）では得ることのできない情報をもたらす．

　AFM にはさまざま測定の方式があり，よく似た方式を装置メーカーごとに異なる名称で商品化している場合がある．ユーザーにとってよりわかりやすい環境を提供するために，国際標準化機構（International Organization for Standardization, ISO）による国際標準化が走査型プローブ顕微鏡の分野で進みつつある．日本工業規格（JIS）用語集が 2017 年夏に発刊された（巻末に参考書として記載）．次節では AFM 操作の基本となるコンタクトモードとダイナミックモードの 2 つの測定方式を説明する．

1.6 コンタクトモードAFM：もっとも単純なAFM

　探針を試料に押し付けて接触させながら左右に走査して表面形状を記録する方式をコンタクトモードとよぶ（図1.6）．探針を試料に押し付ける力に応じて，探針を支える板バネ（カンチレバー）がたわむことを利用して，常に等しい「押し付け力」が発生するようにカンチレバーの上下位置を調整して探針と試料のあいだの距離を一定に保つ．そうしながら探針を左右に走査して表面形状を写しとる顕微鏡である．STMのトンネル電流のかわりに，探針と試料とのあいだに発生する力を利用する顕微鏡であることから原子間力顕微鏡と名付けられた．

　押し付け力の大きさFとカンチレバーのたわみdは，フックの法則にしたがって比例関係にある．

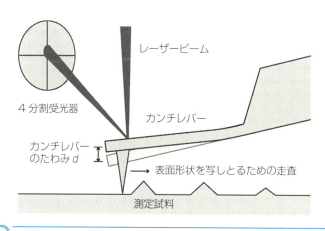

図1.6　コンタクトモードAFM

$$F = kd \qquad\qquad (1.1)$$

ここで比例定数 k はカンチレバーのバネとしての強さをあらわし，バネが強ければ k は大きい．押し付け力を一定に保つためには，たわみ d が一定となるようにカンチレバーの上下位置を調整すればよい．小さなたわみ d を精度よく測るために，カンチレバーの背面にレーザービームを照射して，4つに分割した受光器（フォトダイオード）を使って反射ビームの位置を検知する．カンチレバーがたわむと反射ビームの位置が動く．受光器は受光量に比例した電圧を出力するので，4つの受光器が出力する電圧のバランスは反射ビームの位置に応じて変化する．

このように単純なしくみでも，顕微鏡装置は精密に設計製作されているので，試料表面に存在する nm サイズの凹凸を鮮明に検出できる．しかし，探針が常に表面を押し付けながら走査するので，探針が試料を引きずったり変形させたりする懸念がある．とくに観察対象がやわらかい場合に注意が必要である．

1.7 ダイナミック AFM： もっとやわらかい試料をみたい

探針による引きずりの影響を少なくするためには，探針と試料をできるだけ接触させない走査方式が必要である．この要求を満たすために，カンチレバーを上下に高速で振動させながら試料に近づける方式が広く採用されている（図 1.7）．

カンチレバーを振動させると，背面で反射されたレーザービームのスポット位置も振動し，4分割した受光器から出力される電圧が振動する．電圧の振動をモニターすることによって，カンチレバー振動の振幅と周期を精度よく測定

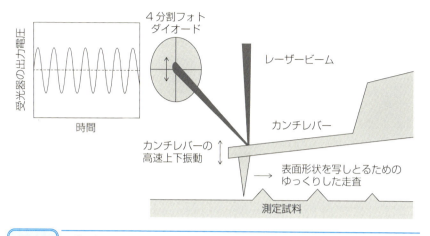

図 1.7 ダイナミックモード AFM

できる．この状態でカンチレバーを試料に近づけていく．探針先端と試料のあいだにわずかでも力がはたらくと，カンチレバー振動の振幅または周期が変化する．

　振動の振幅や周期を変化させないようにカンチレバーの平均高さ（高速上下振動の中点）を調節しながら，ゆっくり左右に走査する．カンチレバー振動の振幅や周期が一定の値に保たれることは，探針と試料のあいだにはたらく力が一定であることを意味する．探針と試料のあいだにはたらく力が一定であることは，探針と試料表面のあいだの距離を一定に保つことを意味する．

　試料表面との距離を一定に保ちながら探針を左右に走査すれば，表面形状を写しとった顕微鏡画像を得ることができる．STM のトンネル電流のかわりに，カンチレバー振動の振幅または周期を使って探針－試料の距離を一定に保ち，表面形状を写しとる方式である．

　このタイプの AFM はカンチレバーを振動させるためにダイナミック AFM と総称され，振動振幅の変化を利用するときは振幅変調 AFM（Amplitude-Modulation AFM, AM-AFM）と，振動周期の変化を利用するときは周波数変調 AFM（Frequency-Modulation AFM, FM-AFM）とよぶ．ただし，市販顕微鏡のカタログや取扱説明書では，各社独自のネーミングを使っていることが

多い.

1.8 市販の顕微鏡装置

　国産品と輸入品ともに多数の装置が市販されている．原子ひとつひとつを解像する高い分解能を真空中で発揮するように設計された顕微鏡から，大気中や液中での幅広い測定に対応する装置までさまざまである．大気中においた試料をコンタクトモード AFM と AM–AFM で測定する装置がもっとも多い．オプション機能として STM 測定もサポートされていることが多い．AM–AFM 機能の呼称は装置メーカーによって異なる（タッピングモードや AC モードなど）．FM–AFM 機能を実装した装置も最近になって上市された．光学顕微鏡，走査型電子顕微鏡，赤外やラマン分光器，電気化学測定と複合化した商品も増えてきた．市販装置のいくつかを図 1.8 に示す．

市販の AFM 装置は一台いくらくらいするの？

だいたい赤外分光装置（FTIR）と同じくらいかな．メーカーごとに得意技や値段はいろいろあるよ．はじめて購入するときや，いま使っている顕微鏡を更新するときは，いろいろなメーカーから広く情報を集めてね．

Chapter 1 走査型プローブ顕微鏡のイロハ

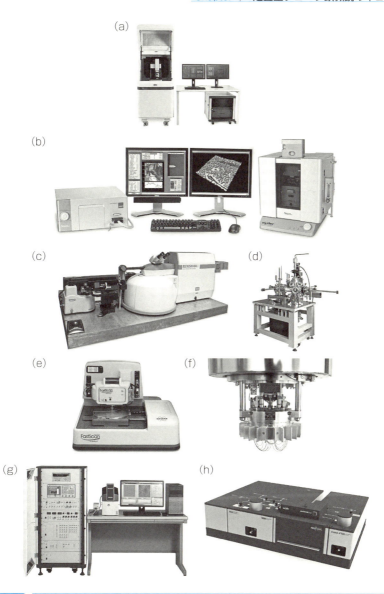

図1.8　いくつかの顕微鏡装置

(a) パークシステムズジャパン (NX 10), (b) オックスフォードインストゥルメンツ (Cypher ES), (c) レニショー (inVia) とブルカーエイエックスエス (Innova) の複合機, (d) ユニソク (USM 1300), (e) ブルカーエイエックスエス (Dimension FastScan), (f) オミクロンナノテクノロジージャパン (LT-STM), (g) 島津製作所 (SPM-8000 FM), (h) 日本カンタムデザイン (NeaSNOM).

Chapter 2

AFM に
はじめてさわる

本章では市販されているAFM装置にはじめてさわる読者を想定して，標準的な試料（食品ラップなど）を自分で測定するために必要な知識と操作手順を説明する．細かな操作法は機種ごとに異なるから取扱説明書を参照して操作することは必要だが，取扱説明書の内容を理解するために必要な事項や，暗黙の了解として取扱説明書では省略されやすい事項をとりあげる．ともかくAFMをはじめて操作して，画像をとってみることを目標にしよう．

2.1 AFM プローブ

　AFM プローブは図 2.1 に示すようなカンチレバー，探針，母材から成る構造体である．カンチレバー（Cantilever）とは片持ち梁のことで，片端が母材に固定され，反対側が自由端である．自由端の付近に鋭く尖った探針が取り付けられている．AFM プローブは指でつまみ上げることができないほど小さい．ピンセットでつまみ上げた写真を図 2.2 に示す．

　コンタクトモードの測定ではカンチレバーのたわみ量（図 1.6 の d）から押し付け力を測る．ダイナミックモードではカンチレバーを高速上下振動させて振動の振幅や周期から探針にはたらく力を測る．つまり，カンチレバーは探針と試料のあいだにはたらく力を検出する力センサーとしての役割をもつ．

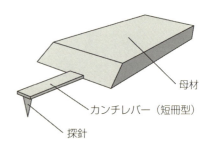

図 2.1　AFM プローブ

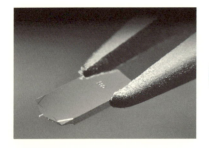

図 2.2　AFM プローブ（オリンパス AC160TS）

ピンセット先端よりはるかに小さな左下の突起がカンチレバーで，その先端に探針が下向きに取り付けられている．

Chapter **2** AFM にはじめてさわる

2.2

AFM プローブの種類

　AFM プローブはシリコン（Si）や窒化シリコン（Si_3N_4）結晶を微細加工して製造される．国内外のいろいろなメーカーからさまざまな特徴をもつ AFM プローブが販売されている．ユーザーが自作することはほとんどない．たくさんのプローブのなかから，自分の用途にあわせて最適なものを選択することは，良質の AFM 像を得るために必要な準備である．AFM プローブの基本的な仕様（スペック）はカンチレバーのバネ定数，カンチレバー振動の共振周波数，カンチレバー振動の Q 値，探針の先端径である．Q 値とはカンチレバーの機械的な振動共振の程度をあらわす数値である．大きな Q 値は共振が鋭いことをあらわす．**表 2.1** にいくつかの AFM プローブのスペックをまとめた．

　カンチレバーを媒質（とくに液体）中で振動させると，媒質による粘性抵抗のために共振周波数と Q 値は低下する．AFM プローブのカタログには大気中での値が掲載されることが多い．液中でダイナミックモードの AFM を動作させるときは，共振周波数と Q 値がカタログと異なることに注意が必要である．バネ定数と先端径は媒質の影響を受けないから大気中でも液中でも同じ値である．

　これから AFM 測定をはじめようとする読者は AFM プローブの選択に迷うこともあるだろう．バネ定数だけをとっても $0.01\,\mathrm{N\,m^{-1}}$ から $100\,\mathrm{N\,m^{-1}}$ まで幅広い製品が販売されている．迷ったときは，自分が測る試料と類似した試料を測定した学術論文や学会発表を検索して，それらと同等の AFM プローブを試してみるのがよいだろう．使用する AFM 装置のメーカーに相談することもできる．

表 2.1	市販 AFM プローブのいくつか		
製品名	バネ定数/N m^{-1}	共振周波数/kHz	先端径/nm
AC 160[a]	26	300	7
AC 240[a]	2	70	7
AC 40[a]	0.1	110	8
NCH[b]	42	330	7
NCST[b]	7.4	160	7
Tap 300[c]	40	300	<10
Contact-G[c]	0.2	13	<10

[a]オリンパス，[b]NANOSENSORS，[c]BudgetSensors.

2.3

AFM プローブを購入する

　AFM プローブは小さな部品で機械的に弱い．壊れやすいうえに単価が数千円の消耗品だから取り扱いに細心の注意が必要である．AFM プローブを少数（10 個程度）購入すると，1 個ずつ吸着ゲルに貼り付けた状態で出荷される（図 2.3 (a)）．探針がゲルに接触しないように探針を上に向けて，カンチレバーの背面をゲルに貼り付けてある（図 2.3 (b)）．

　まとめて数十個を購入すると 1 個ずつ切り出さずに出荷される場合がある（図 2.3 (c)）．このときはユーザーがピンセットやカッターを用いて切り分ける．パッケージの開封法や切り分け方は購入時に添付される取扱説明書を参照してほしい．多数のプローブを定常的に使用するグループであれば，300〜400 個の AFM プローブを切り分けずにウェハとして購入すると 1 個あたりの価格を下げることができる（図 2.3 (d)）．

　AFM プローブを皮脂やゴミでいったん汚染してしまうと，完全に洗浄することは難しい．AFM プローブを長期保管するときはデシケーターなどの清浄

Chapter 2　AFM にはじめてさわる

な環境に保管する．

バネ定数

　バネ定数とは「バネの強さ」をあらわす物理量である．下の図のように，床の上においたバネの一端を壁に固定して，もう一端に質量 m の物体を取り付けたとしよう．バネを伸びも縮みもしない長さ（自然長）にすると物体は静止したままとなる．手で物体を左へずらしてバネを縮めると，バネは自然長に戻ろうとして物体を右へ押す．バネが物体を押す力（復元力 F）は平衡位置からのずれ（x）に比例するから，バネ定数を k として $F = -kx$ が成り立つ．k の前に負号がつくのは，ずれと復元力の方向が逆になる（物体を平衡位置から左にずらすと復元力は右に向く）ためである．1.6 節でコンタクトモード AFM の原理を説明した文章では「押し付け力の大きさ」を F と表記したので，式 (1.1) の右辺に負号をつけなかった．力は方向をもつ物理量（ベクトル量）であるのに対して，力の大きさは方向をもたない物理量（スカラー量）となるからである．

　バネ定数の単位は $\mathrm{N\ m^{-1}}$ である．強さ $1\ \mathrm{N\ m^{-1}}$ のバネは $1\ \mathrm{m}$ 縮めたとき $1\ \mathrm{N}$ の力で元へ戻ろうとする．もっともやわらかいカンチレバーのバネ定数を $0.01\ \mathrm{N\ m^{-1}}$ としよう．このカンチレバーが常に $1\ \mathrm{\mu m}$（$1 \times 10^{-6}\ \mathrm{m}$）そりかえるようにして，コンタクトモードで試料を走査する．このときカンチレバー先端に取り付けた探針が試料を押し付ける力は $0.01\ \mathrm{N\ m^{-1}} \times 1 \times 10^{-6}\ \mathrm{m} = 1 \times 10^{-8}\ \mathrm{N} = 10\ \mathrm{nN}$ となる．もし $10\ \mathrm{nN}$ の力で押し付けると試料が変形したり壊れてしまう場合には，カンチレバーのたわみ（そりかえり）を $0.1\ \mathrm{\mu m}$ に減らすように設定して走査すれば，押し込み力を $1\ \mathrm{nN}$ に下げることができる．

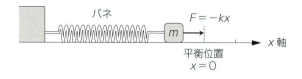

19

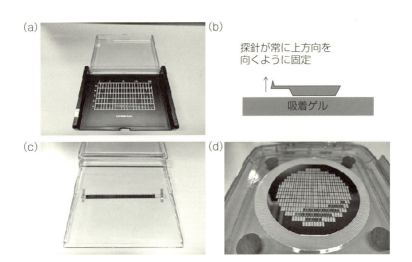

図2.3 専用ケースに納めて出荷される AFM プローブ

(a) は1個ずつ切り分けてゲルに貼り付けたもの．貼り付け方を (b) に示す．(c) は数十個のプローブを切り分けずに短冊型で貼り付けたもの．(d) は数百個のプローブを切り分けずにウェハのまま大きなゲルに貼り付けたもの．

2.4 AFM プローブをピンセットで取り扱う

　AFM プローブはピンセットでつまみ上げて取り扱う．とても小さい部品なのでピンセットから誤って落とさないように注意が必要である．自信をもって取り扱えるようになるまで使用済みの AFM プローブで練習するとよい．先端の尖ったピンセットが使いやすい．ピンセットは使用前に先端部分をエタノールや純水で洗浄し十分に乾燥させる．先端が汚れていると AFM プローブを汚染するだけでなく，プローブがピンセットに貼り付いてしまい，外れにくくなってしまう．静電気の影響でカンチレバーが帯電して扱いにくくなる場合に

Chapter 2 AFM にはじめてさわる

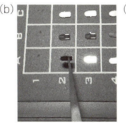

図 2.4　ピンセットで AFM プローブをつまみ上げる

は，静電気対策マットの上で作業をおこなうと妨害を軽減できる．

　ピンセットで母材の側面を挟んで持ち上げて（図 2.4 (a)），AFM 装置にセットする．持ち上げたとき AFM プローブが傾いてしまったら，いったん平坦な場所に降ろしてからもう一度持ち上げるとよい．探針が上を向くように保てば降ろしても探針は壊れない．1 回でも裏返して降ろしてしまうと探針が接触して壊れる．母材側面を持った状態で AFM 装置への取り付けが難しい場合，上下を挟んで持ち上げてもよい（図 2.4 (b)）．

　AFM プローブを吸着ゲルから取り上げる際にはがれにくい場合は，まず母材の側面をピンセットの先端で軽く押して固定ゲルから外すとよい（図 2.4 (c)）．

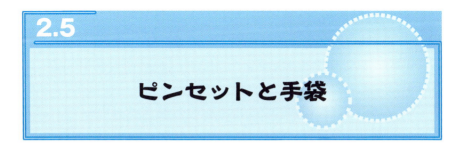

2.5 ピンセットと手袋

　AFM は汚染物質を含めた表面のあらゆる形状を写しとる顕微鏡であるから，試料表面の汚染を防ぐ努力が必要である．プローブや試料を取り扱うピンセットや精密ドライバーなどの先端を洗浄する習慣をつけてほしい．ビーカー

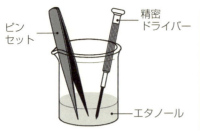 

図 2.5 ピンセット先端の洗浄と手袋の着用

に入れたエタノールに先端を浸漬し（図 2.5），超音波洗浄して皮脂などを取り除くことができる．必要に応じて超純水や蒸留水でリンスして乾燥し使う．また皮脂の混入を防ぐために，パウダーフリーのゴム手袋を着用すれば試料を指で取り扱うこともできる．ピンセットやゴム手袋などは理化学機器として購入してもよいし，日用品のなかから使えそうな物品をみつけたら使ってみてもよい．

2.6 コンタクトモードでの画像計測

　コンタクトモードでは探針が常に試料に接触しているので，探針が試料を引きずってダメージを与えないように注意をはらう．探針が試料に与える力を小さくするために，バネ定数が $0.01\,\mathrm{N\,m^{-1}}$ から $1\,\mathrm{N\,m^{-1}}$ のやわらかいプローブを使う．反面，カンチレバーが必要以上にやわらかいと，たわみ d が周辺環境からの擾乱（温度変化など）によって変化してしまい，測定結果が安定しないこともある．

スキャナ

　AFMで形状像を計測するとき，試料に対するプローブの位置をnmの精度で精密に制御し，なおかつプローブで試料を走査しなければならない．これを実現するパーツがスキャナである．スキャナは印加電圧に応じて伸縮するピエゾ素子（圧電素子）を組み合わせて作られている．スキャナはAFMの心臓部であり高価なパーツでもある．スキャナを構成するピエゾ素子はセラミック製であり，大きな力をかけると壊してしまう．取り扱いに注意が必要である．

　スキャナを駆動するときには各ピエゾ素子に100V以上の高電圧をかける．電圧をかけた状態で水に接触させるとショートして破損してしまう．また不用意にさわると感電の危険がある．市販の顕微鏡装置では安全対策が施されているが，スキャナに高電圧を加えていることをおぼえておいてほしい．

　プローブをスキャナに搭載して，固定した試料を走査する方式をプローブスキャンとよぶ．反対にスキャナに試料を搭載して，固定したプローブに対して駆動する方式をサンプルスキャンとよぶ．Z方向のみに伸縮するスキャナにプローブを固定し，X方向およびY方向に移動するスキャナに試料を搭載するプローブ・サンプルスキャン方式もある．どの方式を採用するかは顕微鏡装置ごとに決まっていてユーザーが切り替えることはない．

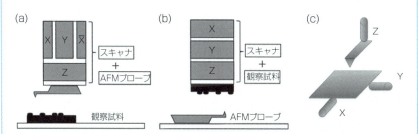

（a）プローブスキャン方式，（b）サンプルスキャン方式，（c）プローブ・サンプルスキャン方式

2.7 ダイナミックモードでの画像計測

　ダイナミックモードではカンチレバーを共振周波数付近で振動させる．AM–AFM では振動振幅の変化を検出し，FM–AFM では共振周波数の変化を検出して，探針－試料間にはたらく力を検出する．コンタクトモードに比べて硬い（バネ定数が大きい）プローブを選択することが多い．バネ定数が 0.1〜40 N m^{-1} のカンチレバーがよく使われる．カンチレバー振動の振幅は AM–AFM では 10 nm くらい，FM–AFM では 0.3〜1 nm くらいが標準となる．振幅は振動運動の最高点から最低点までの距離（peak-to-peak amplitude）であらわす（図 2.6）．

　バネ定数の大きい（つまり硬い）カンチレバーを使うと微弱な力を検出できないように感じるが心配しなくてよい．たしかに，コンタクトモードで硬いカンチレバーを使うと，バネ定数 k に反比例してたわみ d が小さくなるので弱い力の計測に不利である．ダイナミックモードでは，たわみ d ではなくカンチレバー振動の振動状態（AM–AFM なら振動振幅，FM–AFM なら共振周波数）の変化をもとに探針にかかる力を検出する．硬いカンチレバーを使って弱い力を測る工夫から生まれたのがダイナミックモードという測定法である．

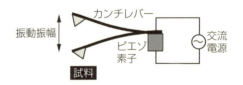

図 2.6　振動するカンチレバー

プローブを取り付けたピエゾ素子に交流電圧を加えてカンチレバーを振動させる．ピエゾ素子は電圧をかけると伸び縮みするセラミックでできている．

バネの共振

コラム「バネ定数」でバネの復元力 F が $-kx$ に等しいことを述べた．復元力 F が質量 m の物体にかかると，物体は加速度 $\frac{F}{m}$ で運動する．加速度は物体位置 x を時間 t で 2 回微分した量だから，

$$\frac{d^2x}{dt^2} = \frac{F}{m} = -\frac{k}{m}x$$

という微分方程式が成り立つ．x を t の関数として 2 回積分すると，

$$x(t) = x_0 \sin(\omega_0 t + \varphi)$$

を得る．x_0 と φ は積分定数である．この式にあらわれる ω_0 がバネによる振動運動の共振角周波数であり $\omega_0 = \sqrt{\frac{k}{m}}$ で決まる量である．共振周波数 f_0 は ω_0 と $f_0 = \frac{\omega_0}{2\pi}$ の関係にある．AM–AFM ではピエゾ素子を伸び縮みさせる周波数 f と，ピエゾ素子の伸縮振幅を一定に保っておいて，カンチレバーが振動する振幅の変化を測定して探針が試料を押す力を測る．FM–AFM ではカンチレバーが振動する周波数 f を共振周波数にぴったりあわせる．探針が試料を押す力に応じて共振周波数が変化することを利用して，共振周波数の変化を検出して探針が試料を押す力を測る．

カンチレバーがやわらかすぎると，振動運動すべき探針が試料表面に貼り付いて振動が止まってしまう（励振停止という）．測定中にこのような現象がおきたら，カンチレバー振動の振幅を大きくするか，あるいは，より硬いカンチレバーに交換すると改善できる．カンチレバーの振動運動は，測定環境（真空，大気，液体）や，探針と試料表面の付着力によって大きく変化する．きれいな画像をとるためには，適切なバネ定数のカンチレバーを選択し，さらに適切な振動振幅を試行錯誤によって決めていく必要がある．AFM 操作の経験者が周囲にいない場合には，使用する顕微鏡装置の製造メーカーにアドバイスを求めて，そこからはじめるのがよいだろう．

2.8

測定例：食品ラップの大気中観察

　鮮明な AFM 画像を得るためには，使用する顕微鏡装置の操作に習熟することが必要である．そのためには，入手しやすい標準的な試料を観察して練習したうえで，自分の測りたい試料の観察に進むのがよい．ここでは標準試料として食品ラップ（合成高分子フィルム）をとりあげて，大気中で AM-AFM 観察する手順を説明する．

食品ラップの観察手順

① 食品ラップをハサミやカッターで適当なサイズに切断する．

② ラップに付着したゴミや皮脂などを除去するために，ビーカーに切断したラップ片を入れてエタノール，ついで純水で超音波洗浄する．

③ ゴミを付着させないように乾燥する．窒素や乾燥空気のボンベがあれば，ガスを吹き付けて水滴を吹き飛ばすと乾きじみを残さずに乾かすことができる．

④ サンプルホルダーにエポキシ接着剤を薄く塗ってラップを接着する．接着剤はできるだけ薄く均一に塗布する．硬化時におもりで押さえると高分子フィルムが平坦になって観察しやすい（**図 2.7**）．

⑤ サンプルホルダーと AFM プローブを顕微鏡装置に取り付ける．食品ラップは探針による変形や破壊の恐れが少ないので，バネ定数が $30 \sim 40 \, \mathrm{N \, m^{-1}}$ の硬いカンチレバーが適している．

⑥ カンチレバーの熱振動スペクトルを測定してカンチレバーの共振周波数 f と Q 値を計測する．同じ製品名のプローブであっても個々のカンチレバーの振動特性（f と Q）は異なるので毎回計測するとよい．カンチレバーとその取り付け方に問題がないことを確認するためである．カンチレバーの

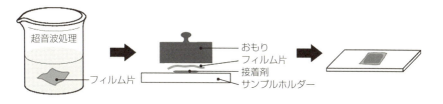

図2.7 ラップの洗浄と固定

熱振動スペクトルを計測する機能は市販顕微鏡の多くに実装されている.

⑦ プローブの近傍にあるピエゾ素子に交流電圧を加えて伸縮させてカンチレバーを振動させる.この操作を「カンチレバーを励振する」という.交流電圧の周波数を変化させて振幅が最大になる周波数を励振周波数に選ぶ.あるいは,励振振幅の最大値を100%としたときに,最大振幅を与える周波数より低周波数側で最大値の95%の振幅を与える周波数を励振周波数に選んでもよい.

⑧ カンチレバーの振動振幅 (A_0) を 10 nm 程度に設定する.

⑨ 振動振幅の設定値(セットポイントとよぶ)を A_0 の 80〜90% に設定して,プローブを試料に接近させる指示を顕微鏡に与える.この手順を「プローブをアプローチさせる」という.アプローチを指示された顕微鏡装置は,プローブと試料の距離をゆっくりと縮めてゆく.探針が試料表面に接近して,探針−試料間に斥力がはたらくと,振動振幅が A_0 から減りはじめる.振動振幅がセットポイントに達するとアプローチは自動的に停止する.セットポイントを大きく設定すると探針は試料表面から離れた位置にとどまり,セットポイントを小さく設定すると表面に近づく(**図 2.8**).

⑩ 取得する形状像のサイズ(左右幅と奥行幅),プローブを左右に走査する速度(走査速度),走査ライン数(一画面を何本の走査線で構成するか)を設定して形状像を取得する指示を顕微鏡に与える.すると,振動振幅がセットポイントに等しくなるように高さを調節しながら,プローブが試料表面を左から右に走査しはじめる.一本の走査線を取得したら,奥行方向にプローブをずらして左右走査を自動的にくり返す.こうして得られた画像の例を**図 2.9**に示す.

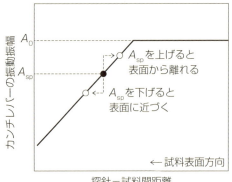

| 図 2.8 | AM–AFM における振動振幅と探針－試料間距離の関係 |

A_{sp} は振動振幅のセットポイント．

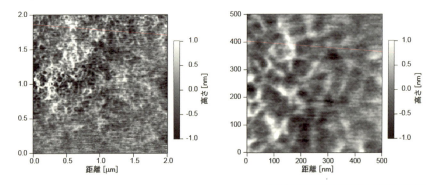

| 図 2.9 | 食品ラップを大気中で AM–AFM 観察した形状像 |

高い部分を白く，低い部分を黒く表示するグレースケールでラップ表面の凹凸をあらわした．2 μm 四方を観察した左図の一部（0.5 μm 四方）を拡大観察した像を右図に示す．面内方向の大きさが 50 nm 程度の網目状構造を識別できる．各図の右に附帯したグレースケールから図中の高低差が ±1 nm 程度であることがわかる．

⑪　理想的な実験ができるなら，カンチレバーの振動振幅はセットポイントと常に等しくなる．しかし，実際の実験ではどうしてもずれが生じる．このずれ（フィードバックエラーまたは単にエラーという）が小さければ，それだけ顕微鏡装置は良好な動作をしている．いろいろな測定パラメーター（走査速度，セットポイント，フィードバック回路定数（ゲイン）など）を変えながら，フィードバックエラーが小さくなるように調節する．

Chapter 2 AFM にはじめてさわる

2.9

マイカ基板

　食品ラップのようにピンセットでつかむことができる試料は図 2.7 のように
サンプルホルダーに接着できる．微粒子や生体分子などのピンセットでつかめ
ないほど小さい試料を測定するためには，試料を何らかの基板に固定したうえ
でサンプルホルダーに搭載しなければならない．

　観察する試料に合わせて適切な基板を選択し，適切な方法で試料を固定する
必要がある．走査中に試料が動いたり，変形したりすると正しい画像が得られ
ないからである．さらに，できるだけ平坦で汚染の少ない基板を使うことが望
ましい．基板自身の凹凸が激しいと，固定した試料を見つけだすことが難しく
なってしまう．

　これらの条件を満足する基板としてマイカ（雲母）がよく使われる．マイカ
はケイ酸塩からなる天然鉱物で，層状の結晶構造をもつため，原子スケールで
平坦なへき開面を容易に作製できる．マイカは水中で負に帯電する性質をもつ
ため，試料が正に帯電する物質であるなら正負電荷による静電引力によって自
然に固定できる．デオキシリボ核酸（DNA）のように負に帯電する試料を固
定するときは，マイカ表面が正電荷を帯びるように処理してから使用する．正
電荷を帯びさせる処理の方法は 2.12 節で説明する．

　マイカにはいろいろな種類（白雲母，黒雲母，金雲母など）があり，モスコ
バイトマイカ（白雲母）が AFM 観察の固定用基板としてよく用いられる．モ
スコバイトマイカの組成は $KAl_3Si_3O_{10}(OH)_2$ である．不純物や欠損構造の少な
い高品質の結晶片がさまざまな形状（円形や方形）に加工されて販売されてい
る．自分が使用する顕微鏡装置のサンプルホルダーにあわせて選択する．顕微
鏡装置やカンチレバーを製造販売している企業や代理店で販売している．

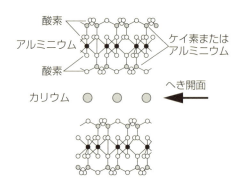

図 2.10 モスコバイトマイカ（白雲母）の結晶構造

層間（矢印で示した部分）で上下に剥離（へき開）しやすい．

2.10 マイカの接着とへき開

　マイカをサンプルホルダーにエポキシ接着剤で接着する．急いでいるときは両面粘着テープを使うこともできるが，テープの膨潤や収縮が AFM 画像をゆがめてしまう懸念がある．接着剤を使う場合はできるだけ薄く均一に塗布し，硬化時におもりで押さえることで均一で薄い接着層を作りたい．AFM 観察の後に基板を剥がしたい場合には無色透明のマニュキアを接着剤に用いる．アセトンなどの有機溶媒で接着層を溶解して基板を剥離できる．

　マイカは粘着テープを使って簡単にへき開できる．サンプルホルダーにマイカ片を接着した後に（図 2.11（a）），マイカ表面に粘着テープを貼り付け，マイカ全体に接着するように手袋をはめた指で押さえる（図 2.11（b））．そして粘着テープを一方向に一定の速さで剥がすとへき開できる（図 2.11（c））．テープの剥がすスピードや向きを試行錯誤してきれいにへき開できるまで繰り返す．テープに貼り付いたマイカ剥離膜の表面が目視で鏡面に見えればきれい

Chapter **2** AFM にはじめてさわる

(a)  (b)

(c)  (d)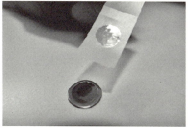

図 2.11　粘着テープを使ったマイカのへき開

にへき開できた証拠である（図 2.11 (d)）．マイカのかわりにグラファイト（高配向熱分解黒鉛，HOPG）を基板に用いるときにも，同様に接着し剥離へき開して使用する．ガラス板やシリコンウェハなどを用いる場合には，表面の汚れを除くために有機溶媒や酸溶液による洗浄を施したうえで，マイカと同様にサンプルホルダーに接着する．へき開はできない．

2.11 測定例：マイカに塗布した高分子膜の大気中観察

　スチレンとメタクリル酸メチルを重合させた Poly(styrene-block-methyl methacrylate) はブロック共重合した高分子の典型として知られている（略称 PS-b-PMMA）．この物質の薄膜を作製して AM–AFM で大気中観察する手順

を説明する.

高分子膜の観察手順

① 薬品販売業者から購入した PS-b-PMMA 粉末をクロロホルムに溶解して 0.5 wt%の溶液を調製する.超音波洗浄機を用いると効率よく溶かすことができる.

② マイカ基板をスピンコーターに装着して 2,000 rpm で回転させながら PS-b-PMMA 溶液を滴下してスピンコートする.

③ 密閉できる容器の底に少量のアセトンを入れ,PS-b-PMMA で被覆したマイカ基板をアセトン液体に接触しないようにおく.容器を密閉して PS-b-PMMA 薄膜をアセトン蒸気にさらす.

④ 自然乾燥させたのちに食品ラップ(2.8 節)と同様に AM–AFM で観察する.観察した形状像を**図 2.12**に示す.ポリスチレンからなる島状構造(ドメイン)とポリメチルメタクリレートからなるドメインが相分離し,両者の高さが 1 nm 程度異なるためにはっきり区別できる.アセトン蒸気にさらす時間を変えてドメイン形状を変化させて観察すると楽しい.図 2.12 では指紋状から網目状への変化がみえている.

2.12

マイカ基板を使って DNA の観察に挑戦する

　デオキシリボ核酸(DNA)は入手容易で試料調製法が確立されているために多くの AFM 測定例が公表されている.生体物質観察にはじめて挑戦する対象として好適である.DNA は生理条件の水溶液中では負に帯電しているから,そのままではマイカ基板に吸着しない.Ni^{2+} や Mg^{2+} などの二価陽イオンをバインダーとして利用してマイカ基板の表面に固定する.

Chapter **2** AFM にはじめてさわる

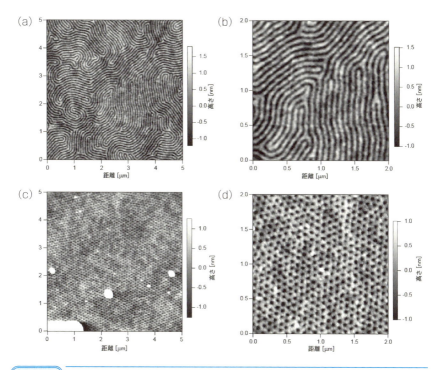

図 2.12 マイカ基板にスピンコートした PS-b-PMMA 薄膜

AM-AFM で大気中観察した形状像. (a) と (b) の薄膜はアセトン蒸気に 5 時間, (c) と (d) の薄膜は 72 時間さらした. アセトン蒸気にさらした時間が異なるために, ポリスチレンからなる島状構造(ドメイン)とポリメチルメタクリレートからなるドメインの分離形状が指紋状から網目状に変化している. 5 μm 四方を観察した (a) (または (c)) の中央部の 2 μm 四方を拡大観察した像を (b) (または (d)) に示す. 各図の右に附帯したグレースケールから図中の高低差が ±1 nm 程度であることがわかる.

DNA の観察手順

① 使用する溶液を準備する.
　(1) $NiCl_2$ 水溶液(濃度 10 mM)
　(2) 濃度 10 mM の HEPES 緩衝液(pH 7)に $NiCl_2$ を濃度 1 mM で溶解した溶液
　(3) 溶液(2)に DNA を濃度 5 μg mL^{-1} で溶解した溶液
② マイカ基板をサンプルホルダーに接着して粘着テープで剥離へき開する(2.10 節を参照).

③ へき開したらただちに溶液 (1) を滴下して 10 分間静置して Ni^{2+} イオンをマイカ表面に吸着させる．

④ 静置した基板に溶液 (2) を注いで洗浄し過剰の Ni^{2+} イオンを取り除く．ついで溶液 (3) を滴下し 10〜20 分間静置して DNA をマイカ表面に吸着させる．

⑤ 大気中で AFM 観察する場合は，純水をかけ流して非吸着 DNA を基板から取り除いて乾燥する．窒素ガスを吹き付けるなどして水滴を吹き飛ばすと乾きじみを残さずに乾かすことができる．こうして作製した DNA 吸着基板はデシケーター中で乾燥保存できる．

⑥ 水溶液中で AFM 観察する場合は，溶液 (3) を滴下して静置した基板に，溶液 (2) をかけ流して非吸着 DNA を取り除く．溶液 (2) で基板表面を被ったままで顕微鏡装置に装着して観察をはじめる．このようにして水溶液中で観察した画像を図 2.13 に示す．二重鎖 DNA の直径は約 2 nm であることが知られており，溶液中の AFM 観察では直径 1〜2 nm のひものように観察される．乾燥した二重鎖 DNA を大気中観察すると高さ 0.5 nm 程度で観察される．DNA 分子の横幅は，AFM 探針先端の半径と同程度であるために，曲率半径が小さい鋭い探針ほど小さい横幅で観察される．

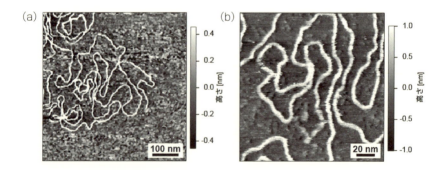

図 2.13 マイカ基板に吸着させた DNA

AM-AFM で水溶液中観察した画像．0.5 μm 四方を観察した (a) の一部を拡大観察した像を (b) に示す．DNA が幅 数 nm，高さ 1 nm 程度のひも状構造としてみえている．

カンチレバーの励振法あれこれ

ダイナミックモードではカンチレバーを振動させて探針先端にかかる力を検出する．nm スケールの形状像を取得するために，振動の周期，振幅，位相を精密に制御する必要がある．カンチレバーを精密に励振する方法はいくつかある．

もっとも広く用いられているのは図 2.6 に示したピエゾ励振法である．プローブの近傍に配置したピエゾ素子に交流電圧を加えてピエゾ素子を伸び縮みさせる．伸縮による機械振動をカンチレバーに伝搬して励振する．この方法の利点は装置構成を単純化できることである．

しかし液中の試料を計測するとき，ピエゾ素子が作る機械振動が液中を伝搬してカンチレバー周囲の機械部品などに伝わってしまう問題が生じる．カンチレバーだけを励振したいにもかかわらず，周囲の部品まで励振すると，ダイナミックモード計測の安定性や定量性が低下する．この問題を解決するために光熱励振法と磁気励振法が開発され，一部の市販顕微鏡装置に実装されている．

光熱励振法では，カンチレバー背面にパルスレーザー光を照射して，照射点の局所的な加熱冷却が作りだす応力によってカンチレバーを励振する．振動振幅を大きくしたいときに，シリコン製カンチレバー背面にシリコンと熱膨張係数が異なる金属膜コートしたプローブを用いることがある．

磁気励振法では，プローブ近傍においたコイルに交流電流を流して強度変動する磁場を作る．背面に磁性粒子を搭載，あるいは磁性膜でコートしたカンチレバーを変動磁場で励振する．

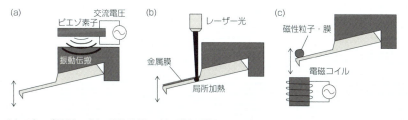

(a) ピエゾ励振，(b) 光熱励振，(c) 磁気励振

Chapter 3

形状像の見方

　Chapter 2 では顕微鏡装置の取り扱い方を説明した．本章では顕微鏡実験を終えた後に，得られた形状像を解釈するために必要となる知識と画像処理について説明する．

3.1 探針形状の影響

探針は尖っているといっても無限に細いわけではない．有限の太さの探針で表面をなぞって得た形状像は探針の太さの分だけ「ぼけて」いる．段差のある試料をコンタクトモードで走査すると，探針の軌跡は本当の形状と一致しない．**図3.1**(a)のように本当は急峻な端面がなめらかに表現される．探針を左から右へ走査して段差に到達すると，探針の側面が段差にあたって持ち上げられるからである．平坦な基板に固定した球形あるいは円筒形の試料は図3.1(b)のように面内方向に広がって表現される．試料と基板のあいだにオーバーハングした空隙があるかどうかはわからない．

ここで注意すべきことは2つある．ひとつは走査面から上方へ突き出した構造（段差や固定した試料）の高さが正しく計測されていることである．探針が細くても太くても凸構造の高さを正しく測ることができる．もうひとつは，走査面に平行な方向の輪郭が探針太さの影響を受けることである．本当の輪郭よりも広がってなめらかに表現され，探針が太いほどぼけてしまう．ユーザーができるだけ尖った（先端径の小さな）探針を使いたいと思う理由である．

図3.1はコンタクトモードでの走査を想定して作図したが，ダイナミックモードでも事情は変わらない．

図 3.1　有限の太さをもつ探針の軌跡

走査面から下方にへこんだ構造を走査する探針を軌跡を同じように作図して図 3.2 に示す．この図からわかるように，探針より細い穴の深さは正しく計測できない．面内方向の輪郭は（凸構造の場合とは逆に）本当の輪郭よりも狭く表現される．

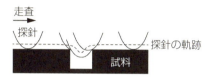

図 3.2　へこんだ構造を走査する探針の軌跡

3.2 ダブルチップ

もし探針先端が 2 つに割れていたらどのような形状像が観察されるだろうか？　はじめは素直なかたちをしていた探針でも，走査を続けるうちに試料に接触して部分的に破損すると割れてしまうこともありうる．

割れた探針で鋭い凸構造を走査するときの軌跡を図 3.3 に示す．探針先端の形状を反転したような軌跡が得られる．このような軌跡をもとに形状像を構成すると，まったく同じかたちをした 2 個一組の不自然な構造がいくつもあらわれる．このような結果を与える探針をダブルチップとよぶ．自分がいま使っている探針がダブルチップになっているかどうかは，得られる形状像に不自然な構造があるかどうかで判断するしかない．何回か AFM 計測をおこなっていると自然に気づくようになる．

ダブルチップで計測した形状像は，高さ・面内方向の輪郭ともにダブルチッ

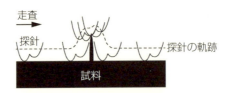

図3.3　2つに割れた探針（ダブルチップ）の軌跡とダブルチップから得られる形状像

プの影響を強く受けてしまっている．そこから試料形状に関する情報を引き出そうとしても難しい．測定中にダブルチップに気づいたら，ダブルチップを解消する努力をはらう．はじめは素直なかたちだった探針がダブルチップになるのは，走査中に試料に偶然強く接触したときである．走査を続けると逆の過程がおきてダブルチップが自然に解消される場合がある．気が短いユーザーは，セットポイントをわざと大きくして探針が試料に強く接触するようにしむけることもする．期待どおりダブルチップが解消することもあるが，そうならない場合もある．新しいプローブに交換して，いわばリセットをかけることはできるが，計測をはじめからやり直すことになるので迷うところである．

　ダブルチップの解消に限らず，走査中の探針先端を意図的に成形することは難しい．AFMやSTMによる計測で「よいデータがとれるまで実験を続ける」ことになりがちな理由である．

3.3 装置のドリフトによる画像のゆがみ

　測定中に顕微鏡装置や試料の温度が変化すると，熱膨張などによって探針と試料の相対位置がわずかにずれる．nmサイズの微細構造を測定しようとする精密計測では，このずれ（ドリフト）が問題となる．探針が試料をなぞっているあいだに試料が一定の速度で動いてしまうと，図3.4に示すように，本当は長方形の表面構造が平行四辺形に表現される．

　ドリフトを抑えるためには，空調機の冷温風を顕微鏡装置に直接あてない工夫をするなどして，装置全体をなるべく均一かつ一定の温度に保ちたい．顕微鏡にプローブと試料をセットしてから数時間待って測定をはじめることはドリフトを抑える手段のひとつである．顕微鏡装置を恒温槽に入れることも有効であり，顕微鏡と恒温槽を一体化した装置も販売されている．

　測定を終えてデータを解析しているときにドリフトの存在に気づいたときはどうすればよいか？　もっともよい対策はドリフトが発生しないように注意し

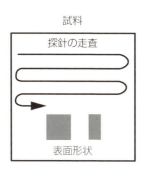

図3.4　ドリフトによる画像のゆがみ

て測定をやり直すことである．何かの理由で再測定ができないときには，手元にある形状像から本当の表面形状を引き出さなければならない．ドリフトの方向と速さが一定とみなせる場合には，図3.4にあらわれた平行四辺形を長方形に戻す座標変換（一次変換）が有効である．同一表面を連続観察した形状像を記録してあれば，前後の形状像を比較してドリフトの方向と速さ（ベクトル量としてのドリフト）を決定できる．これをもとにして，仮にドリフトがなかったときの形状像を再構成できる．

3.4 一画面の走査にかかる時間

　ドリフトによるゆがみを抑えるためには形状像を短い時間で取得すればよい．しかし，取得時間をいくらでも短くすることはできない．短くできない理由をAM–AFMを例に説明する．AM–AFMでは，探針にかかる力がひきおこすカンチレバー振動の振幅変化や周波数変化を測定する．カンチレバーの機械的振動の考察から，探針に力が加わってから振幅に変化があらわれるまでに$Q/\pi f$だけの応答時間がかかることがわかっている．Qはカンチレバーの機械的共振の鋭さを示すQ値で，fは共振周波数，πは円周率である．大気中での走査を想定して$Q=100$，$f=300\,\mathrm{kHz}$とすると，応答時間は0.1 ms（ミリ秒）となる．探針にはたらく力を計測するためにこれだけの時間が必要である．走査範囲を100万画素（1,024×1,024）に分割して計測するとき，画素ごとに0.1 msの時間を要するならば一画面の走査に100 sが必要となる．これに探針高さのフィードバック制御や面内走査に必要な時間を加算すると，走査速度は一画面あたり数分となる．装置構成にさまざまな工夫をこらして一画面を1 sまたはそれより短い時間で計測できる顕微鏡装置（高速AFM）も開発され販売されているが，一般的なAFMの計測時間は分のオーダーである．

走査速度を上げるためには応答時間を短くしたい．応答時間を短くするには Q 値を下げればよいが，Q 値をむやみに下げると弱い力を検出できなくなってしまう．応答時間を短縮しつつ弱い力を検出するためには共振周波数 f を大きくすればよい．プローブ製造メーカーの努力によって MHz オーダーの共振周波数をもつプローブも販売されるようになってきた．ただし顕微鏡装置の制御回路が対応できる周波数は装置によって異なり，また，対応できるカンチレバーのサイズも異なるのでプローブ購入前に確認を要する．多くの顕微鏡装置は共振周波数 f が 10〜300 kHz のカンチレバーを用いることを想定して製作されている．

なお 2.2 節で述べたように，プローブのカタログに記載された共振周波数と Q 値は大気中での値である．同じプローブを真空中や液中で使用すると f と Q 値が変わるので応答時間も変化する．

3.5 画像処理

AFM 計測で得られる形状像の生データは，試料の傾き，ドリフトによるゆがみなどを含んでいる．真の表面形状を得るためには生データからこれらを取り除く作業が必要となる．標準的な処理として，まず画面全体の傾き補正がある．図 3.5 左に示した DNA の形状像は画面上方が暗く，下方が明るい．画像のわきに表示したコントラストバーを参照すると，上下 600 nm の走査範囲のなかで，画面下方が上方より 10 nm ほど持ち上がっていることがわかる．DNA 分子の高さは 1〜2 nm なので，全体として傾いた画面のなかで DNA の形状をはっきり識別できない．そこで画面全体の傾き（この場合は上から下へむかって 10 nm の傾き）を引き去って，仮想的な水平表面を基準として DNA の高さを表示する．つぎに，さまざまな要因で発生するノイズ（画像のざらつ

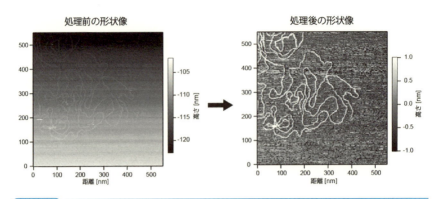

図3.5 マイカ基板に固定したDNAを観察した形状像の処理

き）を抑制する画像処理を施すと，図3.5右のようにDNAをはっきり識別できるようになる．

これらの作業は顕微鏡装置に付属する画像処理ソフトウェアでおこなうことができる．市販の画像解析ソフトウェアであるSPIPや，フリーウェアであるWSxM（http://www.wsxm.es/）またはGwyddion（http://gwyddion.net/）を使ってもよい．

現実の顕微鏡装置で測定した形状像は，さまざまな原因によるゆがみやノイズを含んでいる．現実の形状像をもとにして，顕微鏡装置が理想的に動作した場合に得られるであろう（ゆがみやノイズを含まない）形状像を再現する操作が画像処理である．画面の傾き補正や，座標変換によるドリフト補正はその例である．こうして再現した形状像を見やすくするために，グレースケールの輝度やコントラストを調整したり，グレースケールのかわりにカラースケールを使ったり，鳥瞰図形式で表示する．これらの操作は，理想の形状像を再現する処理ではなく，報告書やプレゼンテーションを見やすくするためにおこなう操作である．

理想の形状像を再現するためであっても，データを見やすくするためであっても，画像処理は測定データに手を加える行為であるから，一線を越えてしまうとデータ改竄に転落する．測定した形状像を加工するときは処理の履歴を必ず記録に残し，第三者（同僚，部下，上司，顧客など）に処理の必要性と処理法の合理性を説明できるかどうかを常に自問自答してほしい．

Chapter **3** 形状像の見方

3.6

ノイズの抑制

　nm の精度で表面形状をトレースする AFM はとても敏感な計測手法である．敏感であるがゆえに顕微鏡装置の外からやってくる雑音（ノイズ）をひろいやすい．形状像に取りこまれたノイズは画像にざらつきを作る．交流電源（50 Hz または 60 Hz）に起因するノイズはランダムでなく，あたかも周期的な表面構造が存在するかのように見えることもあるので注意が必要である．疑わしいときには，面内の走査方向を回転させるとよい．真の表面構造であれば走査方向の回転に追随するはずである．AFM に限らずノイズを含む測定データからノイズを取り除くためには平均をとることが有効である．滴定によって溶液濃度を測定するのであれば，1 回の滴定値ではなく 3 回，5 回と滴定回数を増やして平均をとることで測定結果の信頼性を上げることができる．

　AFM で計測した形状像についても同様である．ただし，連続撮像した 2 枚の形状像を重ねあわせて平均をとることはできない．ドリフトを完全になくすことができないので，2 枚の形状像の撮像範囲がぴったり重なることはないからである．

　そこで 1 枚の形状像のなかで平均をとる．形状像は二次元行列のかたちで記録されている．たとえば 1,024×1,024 に分割した (X, Y) 座標ごとに高さ Z を格納した行列が 1 枚の形状像に対応する．このとき 1,024×1,024 行列のなかから 3×3 行列を取りだして，行列を構成する 9 個の要素に対して平均値をとって中央のピクセルに代入する（**図 3.6**）．この操作を 1,024×1,024 行列のすべてのピクセルについておこなえば，平均値をとることによってノイズを抑制した形状像を得ることができる．平均する範囲を 5×5 あるいはそれ以上に拡大することも自由である．

　しかし，ノイズによって非常に大きな値が測定されることもある．図 3.6 の

45

平均値

14	19	11
17	13	9
10	20	13

→

	14	

図 3.6 平均値

図 3.7 メジアン

例において左下のカラムにノイズとして100が記録されたとする．このとき3×3行列の平均値をとっても24が与えられてノイズを抑制したとはいいがたい（図3.7）．平均値がノイズに引っぱられてしまったのである．このような場合は平均値のかわりにメジアン（中央値）を採用するとよい．3×3行列であれば9個の要素を大きさの順に並べて上位から5番目の値が中央値である．図3.7の行列に対してメジアンを求めると14となってノイズによる大きな値の影響を回避できる．

3.7 スキャナ駆動の直線性

　10 μm を越えるような広い範囲を走査して，しかも 100 nm の正確さで形状像を得たいとする．このようなニーズは半導体デバイスを作り込んだシリコンウェハを AFM で計測評価するときなどに発生する．このときスキャナ駆動に高い直線性が求められる．

　円筒型に成形したピエゾ素子をスキャナとして使っている AFM 装置の場合は，円筒型の素子が屈曲することで X 方向と Y 方向の変位を作るが，水平方向の変位が屈曲量に対して正確には比例しないために形状像にゆがみが生じる（図 3.8）．このゆがみは走査範囲を大きくとればとるほど顕著になる．

　円筒型素子による形状像のゆがみを解決する方法として，X 方向と Y 方向にそれぞれ単純に伸縮するピエゾ素子に試料を搭載し，Z 方向のみに伸縮するピエゾ素子にプローブを取り付ける方式（プローブ・サンプルスキャン）の顕微鏡装置も市販されている（コラム「スキャナ」参照）．

　また理想的なピエゾ素子は加えた電圧に比例して変形するが，現実の素子はヒステリシスやクリープによって理想的には応答しない．たとえば探針の走査

図 3.8　円筒型スキャナの屈曲

範囲を大きく変えるとクリープによって形状像がゆがむ.

　このようなスキャナ駆動の誤差を減らす方法としてクローズドループ制御がある.スキャナに変位センサーを内蔵して,実際の駆動量を検出して所期の駆動量を得るようにフィードバック制御する手法である.実際に駆動した量を検出するためヒステリシスやクリープによる誤差を抑えることができる.このような制御機構を搭載したスキャナをクローズドループスキャナとよぶ.変位センサーを搭載せず,ピエゾ素子に加えた電圧から駆動量を決定するスキャナをオープンループスキャナとよぶ.

Chapter 4

もう一歩先へ：
生体物質の測定

生体物質を自分で観察したい読者を想定して，タンパク質分子をAFM観察した事例を紹介する．マイカ表面をリジンやシラン化剤で化学修飾する方法を説明する．タンパク質分子よりさらに大きな生細胞をAFM観察する手順も述べる．

4.1 タンパク質のAFM観察例

　タンパク質は生理溶液中で機能を発揮する．したがって，AFM観察も生理溶液中でおこなうことが望ましい．しかし，水溶液中にあるタンパク質はやわらかくて壊れやすいため，高分解能での観察は容易でなく，やむをえず乾燥させたうえで大気中で観察することもある．大気中で観察する場合はタンパク質の分子構造を化学的に固定してから乾燥することが多い．図4.1は腱コラーゲン繊維をガラス基板に固定乾燥して大気中観察した画像である．コラーゲン繊維の特徴である縞状の周期構造（Dバンド）が明瞭に観察されており，繊維がスパイラル構造をもつこともわかる．ただし，コラーゲン繊維は乾燥によって収縮しているので，生理溶液中の分子サイズを画像から正確に決定することはできない．

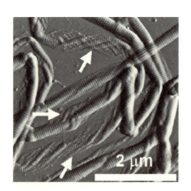

図 4.1　コラーゲン繊維

コンタクトモードAFMで大気中観察したエラー信号像．コラーゲン繊維が巻き戻されてスパイラル構造が顕著に観察されている部位を矢印で示す．エラー信号像の意味は4.6節で説明する．ここでは通常の形状像だと思って読み進めてほしい．
【出典】L. Bozec, G. van der Heijden, M. Horton : *Biophysical Journal*, **92**, 70–75（2007）．

水溶液中でタンパク質をイメージングするとき，探針がやわらかいタンパク質分子を圧縮して変形させることがないように，低侵襲で（弱い探針－試料斥力のもとで）走査したい．一例として，モノクローナル抗体をFM-AFMで水溶液中観察した形状像を図4.2に示す．抗体固有の形状が鮮明にとらえられており，抗体内部の凹凸構造も計算から予想されるものに近い．期待どおり低侵襲で形状計測できていることがわかる．

平坦なマイカ基板に孤立したタンパク分子を吸着させてAFM観察した例をこれまで紹介してきた．基板表面に点々と吸着した分子の形状を正確に走査するためには，プローブを1 nmを越える急峻な凹凸に正しく追従させなければならず，これは顕微鏡装置にとってやさしい課題ではない．これに対して，同じタンパク質分子を基板上にびっしり吸着させて敷き詰めれば，急峻な凹凸を減らすことができる．このような試料はAFMによる高分解能観察に都合がよい．図4.3は膜タンパク質の1つであるコネクソン（細胞膜輸送のための穴の役割をするギャップジャンクション）をマイカ上に敷き詰めて水溶液中でコンタクトAFM観察した結果である．コネクソンはコネキシンというタンパク質の6量体からなるが，ドーナツの外周にきざまれた微少なへこみとして個々のコネキシンを確認できる．図4.3には2002年にコンタクトAFMで測定した

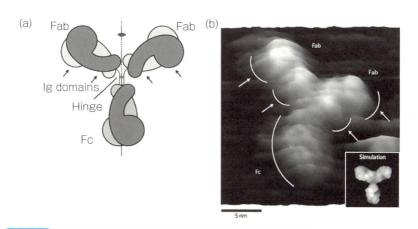

図4.2　水溶液中でマイカ基板に吸着させたモノクローナル抗体のFM-AFM形状像

【出典】S. Ido, H. Kimiya, K. Kobayashi, H. Kominami, K. Matsushige, H. Yamada：*NATURE MATERIALS*, **13**, 264（2014）．

図 4.3 マイカに吸着させた膜タンパク質の1種であるコネクソンのコンタクト AFM 形状像

【出典】D. J. Muller, G. M. Hand, A. Engel, G. E. Sosinsky : *The EMBO Journal*, **21**（14），3598-3607（2002）.

画像を示したが，現在ではダイナミック AFM で観察することもよくおこなわれている．

4.2 マイカ表面のリジン処理

　マイカは原子スケールで平坦な基板として AFM 実験で広く使われている．観察する試料が水中で正に帯電する物質であれば，負に帯電するマイカ表面に自発的に吸着するので都合がよい．一方で，負電荷を帯びる試料を吸着させるためには，表面が正電荷を帯びるように表面修飾しなければならない．タンパク質などを吸着させるときに利用する表面修飾法のひとつとして，Ni^{2+} イオンを利用する方法を 2.12 節で紹介した．その他の方法として，本節でポリ-L-リジン処理を説明し，次節でアミノプロピルトリエトキシシラン（APTES）

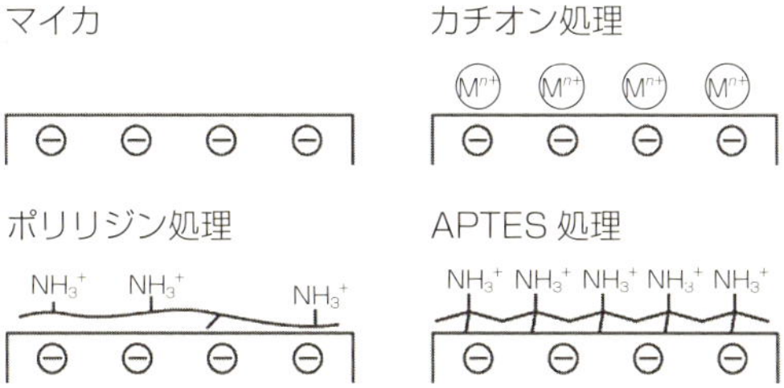

Chapter **4** もう一歩先へ：生体物質の測定

図 4.4 マイカ表面の化学修飾

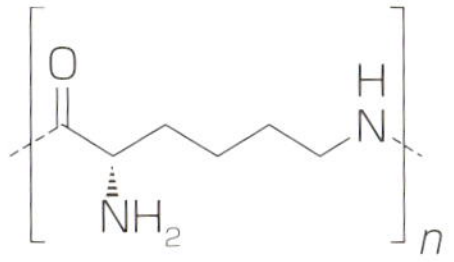

図 4.5 ポリ-L-リジンの分子構造

処理を説明する．**図 4.4** にまとめたように，マイカの表面を化学修飾すること
でいろいろな使い方ができる．

　リジン（アミノ酸）のホモポリマーであるポリリジンは細胞培養基板のコー
ティングなどに用いる材料である．**図 4.5** のような分子構造をもつポリリジン
をマイカに吸着させると，末端にアミノ基（NH_2）をもつ側鎖を高い密度で表
面にうえつけることができる．中性水溶液に接するアミノ基はプロトン化して
NH_3^+ となり正電荷を帯びる．ポリリジンはマイカだけでなくガラス基板の化
学修飾にも利用できる．

リジンによる化学修飾の手順

① マイカ基板に濃度 0.1 % のポリ-L-リジン溶液（Sigma-Aldrich, P8920 な
　ど）を滴下し，均一に伸ばしたのち，5 分後に過剰な溶液を取り除く．ポ
　リ-L-リジンは中性水溶液中で正電荷を帯びる化合物なので，負に帯電し
　たマイカに強く吸着する．滴下量は 1 cm^2 あたり 0.25 mL 程度が適当であ
　る．

② 純水で基板を洗浄して未吸着のポリリジンを取り除いて 2 時間以上乾燥す
　る．ポリリジンで被覆した基板は汚染や酸化を受けやすいので長期保存に
　は適さない．

4.3

マイカ表面の APTES 処理

　アミノプロピルトリエトキシシラン（APTES）は，ガラスやシリコン（Si）の表面処理に広く用いるシラン化剤である．APTES でシラン化したマイカ基板やシリコン基板を AP–マイカや AP–シリコンなどと称する．基板を APTES気体にさらしてシラン化する気相反応法と，APTES 溶液に浸してシラン化する液相反応法が知られている．AFM 観察に使用する基板はできるだけ平坦であることが望ましいから，単層膜を形成する気相法を用いることが多い（**図4.6**）．APTES は有毒な化合物である．実験者が APTES に触れたり吸引することのないように注意する．手袋をはめて，ドラフトを使って換気に注意して実験してほしい．

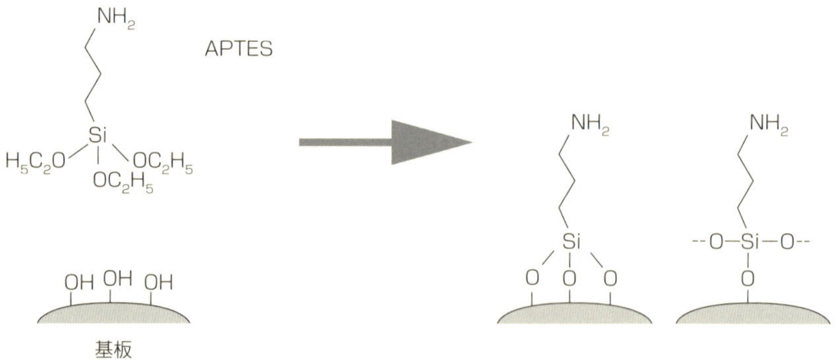

| 図4.6 | APTES を用いたシラン化反応 |

気相から吸着した APTES が基板表面の表面水酸基と化学結合して単分子膜を形成する．表面を被覆したアミノ基（NH_2）は中性水溶液に接するとプロトン化して NH_3^+ となり正電荷を帯びる．

シラン化反応

トリエトキシシラン $(C_2H_5O)_3Si-R$ は，

$$(C_2H_5O)_3Si-R + 3-OH \rightarrow (-O)_3Si-R + 3C_2H_5OH$$

のようにエトキシ基が水酸基（OH）とのあいだで縮合反応する．この性質を利用して，水酸基をもつ固体表面（本節の例ではマイカとシリコン）を有機官能基Rで修飾するために利用される．簡単な実験操作で表面を修飾できることと，固体表面と共有結合を介してしっかり結合することが特徴である．

APTESによる化学修飾の手順

① へき開したばかりのマイカ片を容積2Lのデシケーターに入れる．

② APTES（30 μL）とN,N-ジイソプロピルエチルアミン（DIPEA）（10 μL）を別々のプラスチック容器（エッペンドルフチューブなど）に入れて，アルゴンガスで満たしたデシケーター内に置く．室温で1～2時間放置してシラン化反応を進行させる．

③ APTESをデシケーターから取り出す．マイカ基板をそのままアルゴンガスを満たしたデシケーター内で1～2日間保存し，シラン化反応を完了させてから実験に使用する．

④ APTESを用いてシリコン基板の表面を同様にシラン化できる．シリコン製のAFMプローブをシラン化することもできる．良好なシラン化膜を得るためには，十分に清浄なシリコン表面を作製して，それをAPTES蒸気にさらすことが必要となる．有機溶媒（クロロホルムやエタノール）による洗浄や紫外光オゾン処理がシリコン表面の清浄化に有効である．ピラニア溶液（濃硫酸と過酸化水素水の混合液）を使うこともある．ピラニア溶液は腐食性が高い危険な溶液である．実験をはじめる前に危険性と取り扱い方法について十分に情報収集し，防護眼鏡をかけ手袋をはめて実験する．安全対策を怠ってはならない．

⑤ APTESは酸化しやすい化合物である．開封後は瓶をアルゴンや窒素ガスで満たして冷蔵庫で保存する．

4.4 観察溶液の濾過

　AFMプローブは常に背面からレーザー光で照射され，その反射光を検出してカンチレバーのたわみや振動を計測している．液中においた生物試料を計測する場合には，レーザー光は往路復路ともに観察溶液を通過する（**図4.7**）．ゆえに，観察溶液が懸濁しているとレーザー光が散乱されて計測しにくくなる．浮遊物混入の可能性がある場合は，十分に洗浄したり，メンブレンフィルター（細孔径0.2 μm程度）で濾過したりした後に測定を行う．

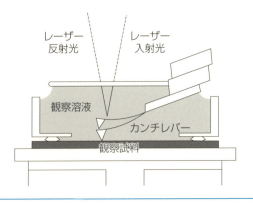

図4.7　液中で動作するAFM

Chapter 4　もう一歩先へ：生体物質の測定

観察溶液が着色していたら

　観察溶液の懸濁が液中 AFM 測定の障害となるのは，レーザー光が液中で散乱されて受光器に届かなくなるためである．たとえ懸濁のない透明な液体であっても，レーザー光を吸収してしまうとやはり受光器に光が届かなくなる．ほとんどの市販顕微鏡は波長 600 nm 程度の赤い光を発する半導体レーザーを光源に使っている．赤い光を強く吸収する溶液，すなわち濃い青色の溶液のなかで測定しようとすると顕微鏡が満足に動作しない．レーザー光の色を青色に変えれば解決できる障害だが，顕微鏡装置の改造を要するのでユーザーだけで対処することは難しい．どうしても解決したい場合は顕微鏡メーカーとの相談が必要である．

4.5 生細胞の観察

　AFM を用いて，溶液中の生細胞の表面形状を観察することが可能である．図 4.8 はコンタクトモード AFM で測定した生細胞の形状像である．形状像（図 4.8 右）では細胞の中心がなめらかに膨らんでいることがわかる．コンタクトモードのフィードバックエラー信号を画像化したエラー信号像（図 4.8 左）では，細胞の輪郭に加えて，細胞骨格を形成するアクチン繊維を明瞭に識別できている．このように，蛍光処理をせずに高い分解能で生きている細胞を観察できる．形状像とエラー信号像の違いについては次節で説明する．

　生細胞を AFM 観察するときは，シャーレで培養した細胞を培地やリン酸緩衝生理食塩水（PBS）中で測定することが多い．AFM 観察中に 5% CO_2 環境を維持できない場合には，CO_2 濃度に依存しない培地（CO_2 independent medium など）を用いる．

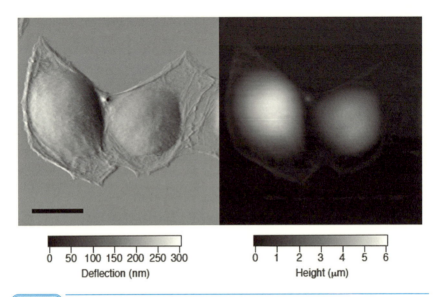

図 4.8　コンタクトモードで水溶液中観察した生細胞

（左）エラー信号像と（右）形状像．
【出典】R. Matzke, K. Jacobson, M. Radmacher：*Nature Cell Biology*, **3**, 607-610（2001）．

　AFMと蛍光顕微鏡を併用する場合は，プラスチック基板ではなくガラス基板に細胞を接着させて測定する．このような用途にあわせてシャーレ底の一部をガラスに替えた製品（IWAKI，ガラスベースディッシュなど）が市販されている．細胞をガラス基板に接着させるためにポリリジンや接着タンパク質（フィブロネクチンやコラーゲン）で表面コートしたガラス基板を用いる．細胞を培養している溶液には老廃物や死細胞が混在しているので，新しい培地やPBSで数回洗浄して，溶液を入れ換えてからAFM観察をはじめるとよい．

4.6

エラー信号像の活用

　生細胞の AFM 画像を図 4.8 に 2 枚示した．右図はコンタクトモードで測定した形状像である．細胞の中心がなめらかに膨らんでいることがわかるが，輪郭は曖昧で微細な構造を識別できない．この例のように，100 nm を越える大きな凹凸をもつ物体（図 4.8 では生細胞）の表面に 1 nm 程度の微細な凹凸が存在するとき，AFM で観察した形状像は大きな構造を写しとることはできても，微細構造を検出できないことがある．

　大きな構造に起因する大きな落差をトレースするためには，探針と試料のあいだの距離をフィードバック制御する信号（コンタクトモードではカンチレバーのたわみ，AM モードではカンチレバー振動振幅の減少量，FM モードではカンチレバー振動周期の変化，STM であればトンネル電流）がセットポイントから多少逸脱することを許さざるをえない．そのように穏やかなフィードバック制御のもとでは，微細な構造に追従する走査が難しくなるのである（図 4.9）．あえて厳しい（セットポイントからの逸脱を許さない）フィードバック制御を顕微鏡に命じると，探針高さの制御にかかる時間が長くなって，面内方向の走査速度をよほど遅くしない限り，大きな落差に追従することができず探針が試料に強くぶつかってしまう．

　穏やかなフィードバック制御のもとで微細構造を検出したい場合には，セットポイントからの逸脱（エラー）を，形状像と同時に記録することが有効である．こうして記録したエラー信号を形状像と同様に図示したエラー信号像には，形状像でトレースできなかった微細構造があらわれるからである．図 4.8 の生細胞の例では，左図のエラー信号像に細胞骨格を形成するアクチン繊維の構造がとらえられている．

　最近の顕微鏡装置は，形状像とエラー信号像のように同一走査中に得られる

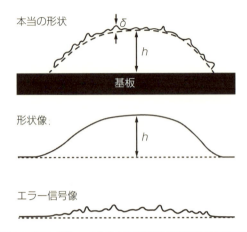

| 図 4.9 | 大きな構造の表面に存在する微細構造 |

点線は大きな構造の輪郭を，実線は微細構造をあらわす．穏やかなフィードバックで計測した形状像は輪郭を正しく表現するが微細構造を失っている．エラー信号像は微細構造の存在を示すが定量的な高さ情報を失っている．

複数の画像を同時記録する機能をもっている．なお，エラー信号像から微細構造の存在を確認できるが，その凹凸の高さ（図 4.9 の δ）を定量することはできない．

エラー信号像は細胞を観察するときだけ使う方法なの？

いいえ．細胞より小さなタンパク質分子や合成高分子，さらに無機材料を観察するときに利用してもかまわないよ．

Chapter **4**　もう一歩先へ：生体物質の測定

4.7

脂質二重膜の観察例

　脂質二重膜（**図4.10**）は生体膜の基本構造であるためAFM計測を含めて多くの研究がなされてきた．現実の生体膜は複雑な組成をもつため，人工合成した脂質分子を使って生体膜をモデル化した二重膜を作製する研究も活発におこなわれている．

　異なる種類の脂質分子（AとB）を混合して二重膜を作製すると，純粋なAからなる二重膜と純粋なBからなる二重膜が島状構造（ドメイン）を作って相分離することがあり（**図4.11**），現実の生体膜でも同様の現象がおきると考えられている．相分離によって形成されるドメイン構造の形態を可視化できるAFMはドメインの大きさ，かたち，分布，流動性を計測するためにしばしば利用される．

　このような研究では，マイカ，ガラス，シリコンなどの平坦な基板の上に二重膜を展開固定した支持脂質二重膜（Supported Lipid Bilayer, SLB）を用いることが多い．ドメインの性質は基板の材質や表面形状に応じて変化することが報告されており，研究の目的に適した基板を選択することが望ましい．

　フォースカーブ測定（Chapter 5で詳述する）によって，相分離した二重膜のドメインごとにヤング率を測定したり，AFM探針に二重膜を貫通させるために必要な力を調べることができる．AFMは膜タンパク質の研究にも利用できる．微生物から採取した生体膜を適当な基板上に固定して膜に埋め込まれた膜タンパク質の構造や分布を可視化できる．図4.3に示したコネクソンの形状

親水部→
疎水部→

図4.10　　脂質二重膜

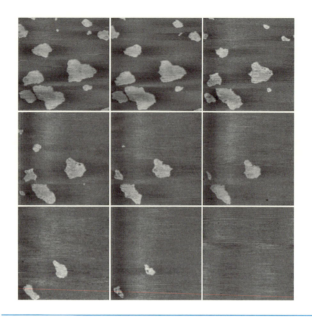

図 4.11 マイカ表面に展開した脂質二重膜の AFM 画像

時間とともに相分離ドメインの大きさとかたちが変化していくようすがわかる.
【出典】M. P. Mingeot-Leclercq, M. Deleu, R. Brasseur, Y. F. Dufrêne : *Nature Protocols*, **3**, 1654–1659（2008）.

像はこのようにして計測したものである．いったん単離した膜タンパク質を二重膜にふたたび導入した再構成膜を AFM 計測することもできる．

細胞のように柔らかい対象をなぞって測る顕微鏡は AFM だけ？

ほかにもあるよ．
たとえば，走査型イオンコンダクタンス顕微鏡（SICM）は，細いガラスピペットの先端に埋め込んだ電極で走査するんだ．水溶液中で流れるファラデー電流を，STM のトンネル電流の代わりに使うんだ．

Chapter 5

さらに一歩先へ：弾性測定

　　Chapter 4 まで AFM をもっぱら「かたちを写しとる」手段として説明してきた．やわらかい物体のかたちを写しとるためには，探針で試料を引きずらないようにしたり，探針が試料を押す力を弱くすることが必要であった．コンタクトモードとして誕生したAFMが，ダイナミックモードへ進化発展してきた理由がここにある．一方で「探針が試料を押し込む」コンタクトモードをうまく利用すると，試料表面の弾性（日常用語では硬さ）を測ることができる．さまざまな物質がそれぞれ異なる弾性をもつことを利用して，探針が押し込んでいる物質を識別することが目標である．合成高分子や生体物質のようなやわらかい材料から，炭素材料のような硬い材料までが対象となる．弾性測定の原理と方法を本章で説明しよう．ヤング率という物理量があらわれ，いくつか数式がでてくるが，ひとつひとつ理解してほしい．

5.1 フォースカーブ

　固体表面の形状を観察するとき，AFM プローブは表面に対して左から右（X方向）に，そして手前から奥（Y方向）に走査している．表面の弾性を測定するときは，X方向とY方向のプローブの動きをいったん止めて，試料を下から上に（Z方向）に移動させていく．はじめ探針は表面に接触していない（図 5.1 (a)）．探針に接触したときの試料の高さを$Z=0$と定義する（図 5.1 (b)）．探針と試料表面が接触しない限り力がはたらかない場合には，カンチレバーのたわみdは，この瞬間まで0のままである．さらに試料を持ち上げると（すなわちZを増やすと）探針が試料に押し付けられて，カンチレバーがdだけたわみ，探針が表面を押す力Fが増えていく（図 5.1 (c)）．このようにZを変えながらFを測定して，Fを縦軸にZ座標を横軸にとって結果を表示したグラフをフォースカーブとよぶ．

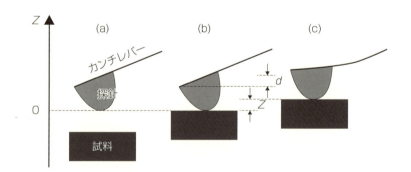

図 5.1 フォースカーブの測り方

カンチレバーの根元を固定して (a) → (b) → (c) の順に試料を持ち上げていく．試料を固定して，カンチレバーを下へ降ろしても同じ測定ができる．

Chapter **5** さらに一歩先へ：弾性測定

5.2

剛体表面のフォースカーブ

探針を押し付けてもまったく変形しない（無限に硬い）仮想的な固体を剛体という．剛体の上でフォースカーブを測定すると**図 5.2** のようになる．カンチレバーの根元を固定した状態で，剛体試料が一定の速さで上昇して探針に接触して，カンチレバーをたわませる状況を思いうかべてほしい．(a) から (b) までのあいだ，遠隔的な引力や斥力がなければ，剛体は探針と接触しないのでカンチレバーはたわまない（$d=0$）．接触した瞬間の試料高さを $Z=0$ と定義する．試料がさらに上昇すると，カンチレバーがたわむ（$d>0$）．剛体は変形しないので，Z はカンチレバーのたわみ量 d と常に等しい．したがって，たわみ量 d と試料高さ Z の関係をプロットしたフォースカーブは，図5.2下の黒線のように，(a) から (b) まで水平で，(b) から (c) まで傾き1の直線になる．

ついで (c) から試料を下降させて元の位置 (a) まで戻す．探針が表面に吸着しない場合は (b) で探針は試料から離れるので，試料が上昇する「押し込み」過程と，試料が下降する「引き離し」過程で測定したフォースカーブは等しい．

探針が試料に吸着する場合には (b) では探針は試料からまだ離れない．(b) から (b') までのあいだ，試料に吸着した探針はカンチレバーを逆方向（上に凸，$d<0$）にたわませる．逆方向にたわんだカンチレバーが探針を持ち上げようとする力が，探針と試料の吸着力を上回った瞬間に，探針は試料から離れて $d=0$ に戻る．この不連続な変化が起こる位置が (b') である．探針と試料表面が接触しない限り吸着力がはたらかない場合には，押し込み過程のフォースカーブに力の飛びはあらわれない．(a) から (c) までの「押し込み」と「引き離し」往復1セットの測定で，黒線と灰色線のように異なるかたちの

Chapter **5**

65

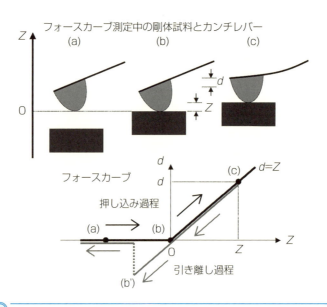

図 5.2 剛体表面のフォースカーブ

フォースカーブが得られたら（このときフォースカーブにヒステリシスがあるという）探針が試料に吸着したことがわかる．

読者がフォースカーブを測定するとき，カンチレバーのたわみ量 d をあらわす生の測定量は，4分割フォトダイオードが出力する電圧 V である．図5.2のフォースカーブを描くためには電圧 V をたわみ量 d に変換しなければならない．さいわい，この変換はピエゾの位置を正確に測定できていれば難しくない．

探針が剛体に接触してたわむ (b) から (c) の区間で，電圧 V を試料高さ Z に対してプロットして直線で近似し，その傾き（単位は $V\ nm^{-1}$）を求める．この区間ではカンチレバーのたわみ量 d は試料高さ Z に等しい．いま求めた傾きはカンチレバーが 1 nm たわんだときに生じる電圧をあらわしている．ゆえに，傾きの逆数（単位は $nm\ V^{-1}$）が電圧 1 V あたりのたわみ量をあらわす比例定数となる．この比例定数を実測した電圧 V に乗ずれば，たわみ量 d を得る．

フォースカーブの縦軸を，たわみ量 d から探針が試料を押す力（接触力）F

に変換したいときは，フックの法則（$F=kd$）を用いて変換する．カンチレバーのバネ定数 k はカタログに記載されているが，正確を期する場合は測定者が自分で求めることが必要になる．その方法は Chapter 7 で説明する．

5.3 貝の接着

　ヒステリシスをもつフォースカーブの例をあげよう．イガイ（胎貝，図5.3）をはじめとする貝類は，足糸を使って岩場から船体までさまざまな固体に接着して生存している．水中でも強固な接合を維持するしくみを研究するためにAFMによるフォースカーブ計測を利用した例がある．イガイの足糸から分泌されるタンパク質をモデル化した有機分子（末端にカテコール環をもつ）でAFM探針を被覆し，シリコン基板とのあいだで計測したフォースカーブ（図5.4）には，接着を意味するヒステリシスがたしかに認められる．このような研究をもとにして，水中でも使うことのできる接着剤が開発されるかもしれない．

　貝類の接着タンパクばかりでなく，特定の化合物で被覆した探針を使ってフォースカーブを測定した研究は数多い．単純な有機化合物から合成高分子，さらに生体分子までさまざまな化合物で探針を被覆して，特定材料を認識する

図5.3　岩場に群生するイガイ

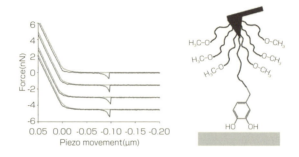

図 5.4 カテコール環を含む化合物で被覆した AFM 探針を使ったフォースカーブ測定

【出典】H. Lee, N. F. Scherer, P. B. Messersmith：*Proc. Natl. Acad. Sci. USA*, **103**（35）, 12999–3003（2006）．

ペプチドの接着力評価や，薬剤と脂質二重膜の相互作用計測などに利用されている．探針を被覆する方法は，アルキルシランやアルカンチオールなどの自己組織化膜で探針をまずコーティングし，さらにその末端を化学的に修飾することが多い．

5.4 弾性体表面のフォースカーブ

　力を加えると力の強さに応じて変形するが，力を取り去ると元のかたちに戻る物体を弾性体とよぶ．弾性体を AFM 探針で押すと，押した力に応じて試料が変形する．図 5.5 を使って弾性体のフォースカーブを考えよう．

　(a) から (b) まで探針は弾性体と接触せず，カンチレバーはたわまない（$d=0$）．接触した瞬間の位置を (b) として，このときの試料高さを $Z=0$ と定義する．試料をさらに持ち上げると，接触点 (b) から位置 (c) にかけて

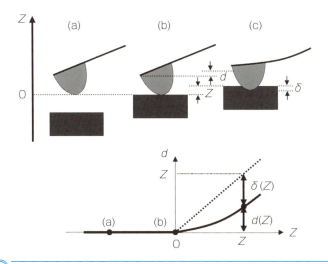

図 5.5 弾性体のフォースカーブ

探針が弾性体に圧入し,同時にカンチレバーがたわむ($d>0$).探針が圧入した深さをδとすると,位置(c)の試料高さZは$Z=d+\delta$である.ZとdはAFM測定で実測できる長さであるから,圧入深さδは$\delta=Z-d$から決めることができる.

弾性体のフォースカーブ(図 5.5 下の実線)は,$d=Z$をあらわす傾き1の直線(点線)よりも下方にあり,両者の差分がδに相当する.したがって同じZに対してδが大きければ探針の圧入が大きいのでやわらかい弾性体,δが小さければ硬い弾性体ということになる.探針が弾性体の表面に吸着する場合,引き離しのフォースカーブに「力の飛び」があらわれることは5.2節で説明した剛体の場合と同じである.

5.5 探針圧入深さのマッピング

　前節で「同じ Z に対して δ が大きければやわらかい弾性体，δ が小さければ硬い弾性体である」と述べた．これだけの情報でも表面分析に役立つ場合がある．硬い弾性体 A とやわらかい弾性体 B が共存する表面を平坦に研磨して AFM で形状像を測定したとしよう．平坦な表面であるから形状像に構造はあらわれない．そこで，表面のいたるところで図 5.5 のようなフォースカーブ測定をおこなったとする．同じ Z に対して δ の大きい部分と小さい部分があり，両者の分布は **図 5.6** のようになった．もしこのような結果が得られたら，硬い材料 A のなかにやわらかい材料 B が 100〜200 nm サイズの星型のドメイン（島状構造）を作って埋め込まれていることがわかる．

　nm サイズの形状を測定できる AFM の弱点は，測っている物体を化学分析できないことである．フォースカーブ測定を利用して物体の硬さ情報を得ることで，弱点の克服が可能になってくる．

Chapter 5 さらに一歩先へ：弾性測定

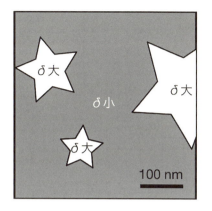

| 図 5.6 | 探針圧入深さ δ のマッピング |

5.6 ヤング率

　フォースカーブ測定を利用して硬い材料とやわらかい材料を区別できることを前節で述べた．このアプローチをさらに一歩進めてみよう．物質はそれぞれ固有の「硬さ」をもつはずである．この「硬さ」をフォースカーブ測定から求めることができれば，探針が押し込んでいる物質が何であるかを知ることができる．それでは，物質固有の「硬さ」をあらわす物理量，すなわちフォースカーブ測定によって求めるべき物理量はなんだろうか？　その1つがヤング率である．

　固体を押したり引っぱったりすると縮んだり伸びたりする．これが固体の力学応答である．力学応答を正しく記述するためには4種類の弾性係数が必要で，そのひとつがヤング率（伸張弾性率）E である．

　弾性体（断面積 $S=D^2$ で長さ L）に力 F を加えて L 軸方向に引き伸ばす（図 5.7）．伸張方向の伸びを ΔL とすると，伸張方向のひずみ（$\Delta L/L$）は伸

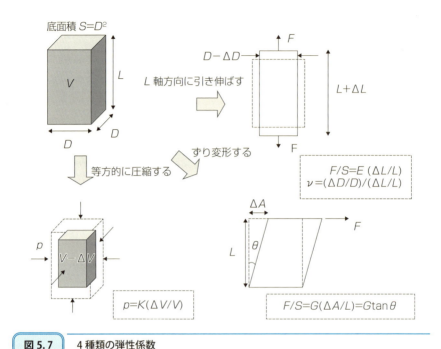

図 5.7　4 種類の弾性係数

張方向の応力（F/S）に比例する．このときの比例定数がヤング率 E であり $F/S=E(\Delta L/L)$ の関係にある．ひずみ（$\Delta L/L$）が無名数で，応力（F/S）の単位が Pa であるから，ヤング率の単位は Pa となる．ヤング率が大きいと，同じひずみ（伸び）を作るために必要な応力が大きくなる．すなわちヤング率の大きな弾性体は「硬い」．

ヤング率以外の 3 つの弾性係数も簡単に説明しておこう．L 軸方向に引き伸ばされた弾性体は，伸長と直交する方向では縮む．直交方向の縮みを ΔD（$\Delta D>0$）とすると，直交方向のひずみ（$\Delta D/D$）は伸張方向のひずみ（$\Delta L/L$）に比例する．このときの比例定数をポアソン比 ν とよび，$(\Delta D/D)=\nu(\Delta L/L)$ の関係が成り立つ．ポアソン比は無名数で単位はない．いくつかの物質のヤング率とポアソン比を表 5.1 に示す．

体積 V の弾性体に等方的な圧力 p をかけて圧縮する．圧縮による体積の減少量を ΔV（$\Delta V>0$）とすると $\Delta V/V=\kappa p$ が成り立つ．この式の比例定数 κ

Chapter **5** さらに一歩先へ：弾性測定

表 5.1	いろいろな固体のヤング率とポアソン比	
	ヤング率／GPa	ポアソン比
ポリエチレン	0.4〜1.3	0.46
ポリスチレン	2.7〜4.2	0.34
鉛	16	0.44
アルミニウム	70	0.35
溶融石英	73	0.17
銅	130	0.34
タングステンカーバイド	534	0.22

【出典】理科年表，東京天文台編，丸善（2016）.

が圧縮率であり，圧縮率の逆数（$1/\kappa$）を体積弾性率 K とよぶ．体積弾性率の単位はヤング率と等しく Pa である．体積弾性率が大きい固体を圧縮するには大きな圧力が必要である．ゆえに，体積弾性率も弾性体の「硬さ」をあらわす物理量であるが，AFM の探針を試料に一方向から押し込む（等方的に圧縮するのではない）フォースカーブ測定からはヤング率を算出できる．

剛性率（ずり弾性率）G は，底面を固定した物質の上面（面積 S）に水平方向の力（せん断力）F を加えたときに生じるずり変形 ΔA の関係をあらわす弾性係数である．ずり変形によるひずみ（$\Delta A/L$）は応力（F/S）に比例して，$F/S = G(\Delta A/L) = G\tan\theta \fallingdotseq G\theta$ となる．剛性率の単位も Pa である．

このようにして定義した 4 つの弾性係数（E, ν, K, G）は互いに独立ではなく，等方的な弾性体の場合は，次の 2 つの式にしたがう．

$$E = 2G(1+\nu) \quad \text{かつ} \quad E = 3K(1-2\nu) \tag{5.1}$$

特殊な場合を除いて一軸伸張した弾性体が直交方向に膨らむことはないのでポアソン比 ν は正である．また E と K は常に正であるから，通常 $0 < \nu < 0.5$ となる．$\nu = 0.5$ のとき K は無限大に発散して $E = 3G$ となる．

表 5.1 を見てほしい．ポリエチレンとアルミニウムのヤング率には 70 倍の差がある．ポリエチレンのなかにアルミニウムのナノ粒子を埋め込んだ試料があるとしよう．試料を切断研磨して研磨面の形状像を測定しても，アルミニウム粒子の位置はわからない．研磨面のいたるところでフォースカーブ測定をお

AFM を利用したラマン分光と赤外分光

　本章では探針直下にある物質を化学分析するために，探針圧入に対する力学応答（弾性）を測定し解析する方法を説明している．読者のなかには「探針直下を振動分光で分析できたらいいのに」と思う方もあるだろう．このアイデアを実現する方法は3つある．AFM 探針のように光の波長より小さな突起の周辺に「光がまとわりつく」現象（まとわりついた光を近接場光という）を利用して①局所的なラマン散乱分光，または②局所的な赤外吸収分光をおこなう．あるいは③普通の赤外光を試料に照射して光吸収による局所的な熱膨張を AFM で検出する．いずれの方法もすでに試されていて，たくさんの学術論文が上梓され，いくつかの走査型プローブ顕微分光装置が市販されている．受託分析サービスの提供もはじまった．これらの手法と装置は発展途上であり，とても進歩が早いために本書でとりあげることはできなかった．最新情報をアップデートしたい読者は「ナノラマン」または「ナノIR」というキーワードをウェブで検索してほしい．

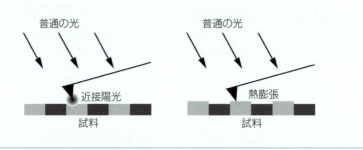

こなってヤング率をマッピングすれば，アルミニウム粒子が埋め込まれた位置を知ることができる．ヤング率測定の精度を上げれば，複数の高分子材料（たとえばポリエチレンとポリスチレン）を識別することも可能である．

5.7 フォースカーブからヤング率を求める

前節までの説明で準備が整ったので，フォースカーブを解析して試料のヤング率を求める方法を説明しよう．

まず，たわみ量 d をフックの法則（$F=kd$）を用いて接触力 F に変換する．ここで k はカンチレバーのバネ定数である．つぎに，F を縦軸にとり，圧入深さ δ を横軸にとって F と δ の関係を示すグラフ（F–δ 曲線）を作成する（図5.8）．ここまでの解析に必要なデータは，フォースカーブ測定で得られた d と Z の実測値と，カンチレバーのバネ定数 k だけである．

こうして描いた F–δ 曲線からヤング率 E を求めるためにはモデルが必要になる．もっとも単純なモデルがヘルツモデルである．AFM 探針と試料が接触することで生じる接触エネルギーを無視することがヘルツモデルの特徴である．探針を半径 R の剛体球の場合を考える．ヤング率 E およびポアソン比 ν の弾性体表面に対して，半径 R の剛体球探針を力 F で圧入深さ δ だけ押し込むとき，

$$F = \frac{4}{3}\frac{ER^{1/2}}{1-\nu^2}\delta^{3/2} \tag{5.2}$$

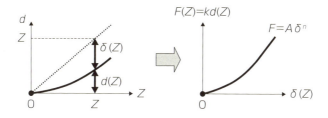

図 5.8 d–Z 曲線から F–δ 曲線への変換

$$F = \frac{4}{3}\frac{ER^{1/2}}{1-\nu^2}\delta^{3/2}$$
$$F = \frac{2\tan\alpha}{\pi}\frac{E}{1-\nu^2}\delta^2$$

図 5.9　球形また円錐形の剛体探針を仮定したヘルツモデル

が成り立つ（**図 5.9**）．試料のポアソン比 ν が未知の場合は，典型的な値として 0.3〜0.5 を仮定することが多い．探針が圧入している物質のポアソン比を AFM 以外の方法で推定できる場合はその値を代入する．

探針が弾性体試料の表面と接触する面積が一定であるなら F は圧入深さ δ に比例するはずである．式 (5.2) で F が δ に比例せず，δ の 3/2 乗に比例する理由は，探針と試料の接触面積が圧入深さとともに大きくなるからである．圧入深さが均一でないことも理由のひとつである．ゆえに，F と δ の関係式は探針の形状によって変化する．剛体探針の形状が頂角 2α の円錐形であると仮定すると，

$$F = \frac{2\tan\alpha}{\pi}\frac{E}{1-\nu^2}\delta^2 \tag{5.3}$$

となって，F は δ の 2 乗に比例する．

探針の先端が球形であったとするなら，F–δ 曲線を関数 $F = a\delta^{3/2}$ でフィッティングする．比例定数 a はフィッティングパラメーターであり，実測値をもっともよく再現するように a の値を決定する．こうして求めた a が $\frac{4}{3}\frac{ER^{1/2}}{1-\nu^2}$ に等しいことを使ってヤング率 E を見積もることができる．探針先端が頂角 2α の円錐形であったとするなら，F–δ 曲線を関数 $F = a\delta^2$ でフィッティングして a の値を決める．$a = \frac{2\tan\alpha}{\pi}\frac{E}{1-\nu^2}$ をもとにヤング率を見積もる．

ヘルツモデルは弾性体の微小変形を仮定した理論なので，δ が小さい領域の F–δ 曲線をフィットすることが望ましい．原理的には，あるひとつの δ の値における F を F–δ 曲線から抜き出して式 (5.2) または式 (5.3) に代入すれば

ヤング率 E を決めることができる．しかし，たった一組の δ と F を使って決めたヤング率は，δ や F の測定値に含まれる誤差の影響を受けてしまうので精度が良くない．実測した F-δ 曲線を関数 $F = a\delta^n$ でフィッティングすることでヤング率決定の精度を上げることができる．

探針が有限の弾性率をもち，試料のヤング率が大きい場合には，最大圧入深さ近傍の曲線からヤング率を導出する．詳細は参考文献 [15] を参照してほしい．

5.8 とてもやわらかい弾性体のヤング率

動物細胞のようにとてもやわらかい試料（ヤング率は，10 ないし 10^3 Pa）では，フォースカーブ（d-Z 曲線）を測ることはできても，フォースカーブから探針と試料の接触位置（つまり $Z=0$ の位置）を決めることは簡単ではない．ヘルツモデルの式（5.2）または式（5.3）からわかるように，接触位置近傍で F-δ 曲線の傾きは 0 に漸近する．このとき，F-Z 曲線の傾きも 0 に漸近するので，F-Z 曲線の形状から接触位置を決めることが難しいのである（図 5.10）．もし試料が剛体であるなら，接触位置の前後で d-Z 曲線の傾きが 0 から 1 に不連続に変化するので（図 5.2），接触位置を簡単に判定できる．

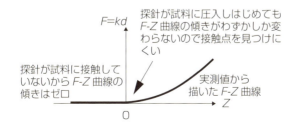

図 5.10 とてもやわらかい物体のフォースカーブ（F-Z 曲線）

図 5.11 円錐形探針を仮定した解析

　接触点（$Z=0$）が決まらないと d を δ に変換できないから F–δ 曲線を描くことができない．そのような場合は，仮の接触点を定めて F–δ 曲線を作成したのち，その曲線をヘルツモデルでフィットしてみる．そして，仮の接触点を変化させて F–δ 曲線の作成とモデルフィットを繰り返す．もっとも適切にフィットできる仮の接触点を真の接触点とみなしてヤング率を求める方法がある．

　別の方法として，たとえば探針形状が円錐形で式（5.3）が成り立つ場合に，$F^{1/2}$ と δ が比例関係にあることを利用できる．**図 5.11** のように，横軸に δ（すなわち $Z-d$）をとり，縦軸に $F^{1/2}$ をとったグラフを作ると，2 本の線分の交点として接触点を検出しやすくなる．

5.9 粘性によるフォースカーブの変化

　前節まで，測定試料が弾性体であると仮定して AFM 探針を押し込んだときのフォースカーブを解析してきた．しかし，現実のやわらかい物体は弾性と粘性もあわせもつ粘弾性体である．内部摩擦をもたない弾性体は外力に対して瞬時に応答するが，粘弾性体に力を加えると，変形に対する内部摩擦（すなわち粘性）をもつために，ゆっくり変形が進む．

図 5.12 粘弾性体のフォースカーブ（d–Z 曲線）

したがって，粘弾性体に探針を押し込んで測定したヤング率はもはや定数ではなく，探針を押し込んでから経過した時間に応じて低下していく．ゆえに，粘弾性体のフォースカーブは探針の押し込み速度によってかたちが異なる（図 5.12 (a)）．探針を速く押し込むとフォースカーブの立ち上がりは急になる．ゆっくり押し込むと，フォースカーブの立ち上がりは緩やかになる．このような粘性を無視できない試料のヤング率を 5.7 節に述べた方法で求めることはできるが，こうして求めたヤング率は物質固有の物性値ではなく，押し込み速度などの測定条件に依存しており，粘性の影響を含んだ見かけのヤング率と考えるべきである．

粘弾性体のフォースカーブは，探針を押し込みながら測ったフォースカーブ（アプローチカーブ）と，引き離しながら測ったフォースカーブ（リトラクトカーブ）の形状が異なる（図 5.12 (b)）．このようなときフォースカーブにヒステリシスがあるという．ヒステリシスがあるとき，アプローチカーブから求める見かけのヤング率と，リトラクトカーブから求める見かけのヤング率は異なる値となる．とくに断らなければ，探針を押し込みながら測ったアプローチカーブを使って見かけのヤング率を求めることが多い．また，定量性には欠けるが，このヒステリシスの大きさから粘性の影響を評価することもおこなわれている．

5.10 AFMで液体の局所密度を可視化する

　さまざまな物質の硬さに注目した本章の終わりに，もっともやわらかい物質として液体をとりあげよう．普通の液体は均一な密度をもつ流体であるが，固体と接する液体の密度はもはや均一ではない．固体に侵入できない液体分子が接触面の上に層状の濃淡分布を作る．この現象は「界面液体の構造化」として1960年代から知られている．層状に構造化した液体のなかにAFM探針を降ろしてフォースカーブを測定したとしよう．探針にかかる力は液体の局所密度に応じて周期的に変化するはずである．有機単分子膜（金単結晶上に作製したドデカンチオール自己組織化膜）をヘキサデカン（$C_{16}H_{34}$）液体に浸漬してFM-AFMで測定したフォースカーブを図5.13に示す．

　探針－表面距離をゼロに近づけると斥力が急増したのは，探針が単分子膜に接触しはじめたためである．探針を表面から離していくと斥力は増減を繰り返し，その周期は0.6nmであった．これはヘキサデカン液体が層構造を形成し，層間隔が0.6nmであるならば理解できる．直鎖状のヘキサデカン分子が分子

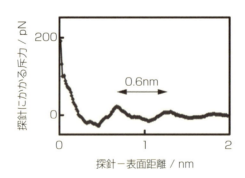

図5.13　構造化したヘキサデカン液体のなかで測定したフォースカーブ

Chapter 5 さらに一歩先へ：弾性測定

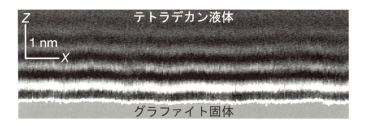

図 5.14 構造化したテトラデカン液体のなかで測定した探針にかかる斥力の断面分布

FM–AFM で測定した周波数シフト Δf が正のとき白，負のとき黒となるグレースケールで表示した．正（負）の周波数シフトは斥力（引力）をあらわすので，探針にかかる斥力の定性的な断面分布とみなしてよい．

軸を横に倒して積層するならば 0.6 nm の層間隔は妥当な値である．

図 5.13 のデータは (X, Y) 座標を固定した探針を固体に接触する寸前まで降ろして計測した 1 本のフォースカーブである．探針を X 軸方向に少しずつ移動してこの操作を繰り返せば，液体が探針におよぼす力の断面分布図を得る．図 5.14 にグラファイトとテトラデカン（$C_{14}H_{30}$）液体の界面で計測した断面分布図を示す．グラファイトに接したテトラデカン液体が固体表面に平行な層構造を作ることが明瞭に可視化できている．このような液体構造の AFM 計測が潤滑油など個液界面の研究開発に活かされていくことを期待したい．

ヤング率の話はむずかしかったね．
まるで物理か数学みたいだった．
でも知っているといろいろな材料の分析に役立つよ．
がまん．がまん．

Chapter 6
さらに一歩先へ：局所仕事関数の測定

試料表面の仕事関数分布を画像計測するケルビンプローブフォース顕微鏡の動作原理を概説する．母体となる原子間力顕微鏡技術の発展にともなって計測の位置分解能は向上しつつある．

6.1 ケルビン法

　ケルビン法は cm サイズの物体の仕事関数を測定する方法として走査型プローブ顕微鏡が誕生する前から広く利用されてきた．化学組成の異なる2枚の導体板 A と B を向かい合わせる（**図 6.1**（a））．A の仕事関数 ϕ_A は真空準位（青線）を基準とした A のフェルミ準位（黒線）の深さ，B の仕事関数 ϕ_B は真空準位を基準とした B のフェルミ準位の深さである．A と B を導線で結ぶと，A のフェルミ準位が B より高いとき，A から B へ電子が流れ込んで A は正に B は負に帯電する．この帯電によって A–B 間に接触電位差 $\varDelta V$ が発生し B のポテンシャルエネルギーを A に対して相対的に押し上げる．押し上げられた B のフェルミ準位が A と一致して電子移動が止まったとき $\phi_B - \phi_A = e\varDelta V$ が成立する（図 6.1（b））．e は電荷素量である．接触電位差を打ち消す電圧 V_{cancel} を外部回路から加えると電極の帯電が解消する（図 6.1（c））．この現象

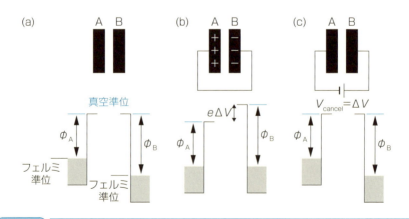

図 6.1　ケルビン法

【出典】大西：化学と工業，**64**, 468（2011）．

を利用して電気的に接触電位差を計測するのがケルビン法である．基準電極Aの仕事関数が既知であれば，接触電位差を測ることで試料Bの仕事関数を知ることができる．

6.2 ケルビンプローブフォース顕微鏡

　AFMをケルビン法と組み合わせよう．AFM探針を微小な基準電極Aとみなして局所的な接触電位差の測定を繰り返してゆけば，試料Bの仕事関数の表面分布をマッピングできるはずである．これを実現した顕微鏡装置がケルビンプローブフォース顕微鏡（Kelvin Probe Force Microscope, KPFM）である（図 6.2）．

　探針と試料表面のあいだに接触電位差が存在する状態で探針を試料に近づけると，帯電した探針と表面のあいだに静電引力がはたらく．接触電位差を打ち消す電圧 V_{cancel} を加えていれば静電引力ははたらかない．KPFMは表面形状を計測すると同時に，接触電位差を打ち消す V_{cancel} を探索するような付加機能を備えたダイナミックAFMである．市販されているAFM装置の多くはオプ

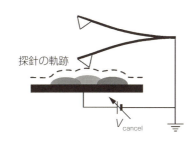

図 6.2　ケルビンプローブフォース顕微鏡

【出典】大西：化学と工業，**64**, 468（2011）．

ション機能として KPFM 動作をサポートしている.

　本来のケルビン法は 2 枚の金属電極を対象とした測定法である．電極が半導体であってもフェルミ準位を定義できるが，電極の表面から内部にむかって電気二重層が生じる場合にはバンドが曲がることを考慮しなければならない．この問題を避けるために，半導体製の探針を金属薄膜で被覆したプローブが販売されている.

　試料表面に極性分子が向きを揃えて吸着すると，分子がもつ電気双極子が電気二重層を作る．このとき KPFM は，探針と試料の組み合わせによって決まる本来の接触電位差と，吸着分子に由来する電気二重層が作る電位差の和を測定する．この性質を利用すれば，鎖長や末端官能基の異なる単分子膜が作る電気二重層の強さを測定して，膜質の評価に役立てることができる．他方，測定中の試料や探針に水が吸着すると，水分子の双極子に起因する電気二重層が測定結果に影響を与える恐れがある．吸着水を排除するために真空中あるいは乾燥空気中での測定が望ましい.

6.3 固体触媒モデルの局所仕事関数

　白金ナノ粒子と酸化チタン基板のあいだの電荷移動をケルビンプローブフォース顕微鏡を用いて調べた例を紹介する．自動車の排気ガス浄化や石油化学プラントで使用されている固体触媒は金属酸化物微粒子の表面に貴金属ナノ粒子を分散固定化したものである．固体触媒の研究開発においては，貴金属ナノ粒子から金属酸化物微粒子への電荷移動によってナノ粒子の電子状態をチューニングし，触媒性能を最適化することがしばしばおこなわれる．集団平均としての電荷移動はエックス線光電子分光（XPS）で計測した化学シフトによって評価できるが，ひとつひとつ大きさとかたちが異なるナノ粒子ごとの電

Chapter **6** さらに一歩先へ：局所仕事関数の測定

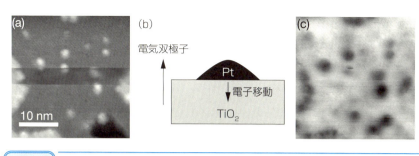

図 6.3 酸化チタン結晶に蒸着した白金ナノ粒子

（a）ケルビンプローブフォース顕微鏡で計測した形状像．（b）電子移動による電気双極子の生成．（c）（a）と同一表面の仕事関数分布．仕事関数の大小を白黒のグレースケールで表現した．
【出典】A. Sasahara et al.: J. Phys. Chem. B, **110**, 17584（2006）．

荷移動を評価することはできていなかった．

ルチル型酸化チタン（TiO$_2$）単結晶に蒸着した白金ナノ粒子の形状像を**図 6.3**（a）に示す．粒径1〜3 nmの白金粒子が酸化チタン結晶のテラスとステップに吸着していることを確認できる．白金粒子から酸化チタン結晶へ電子が移動すると図6.3（b）のように上向きの電気双極子が生成して仕事関数は減少する．同一表面の仕事関数を計測したところ白金粒子の位置で仕事関数が局所的に減少した（図6.3（b））．

ケルビンプローブフォース顕微鏡で半導体デバイスの分析評価もできるの？

もちろんできるよ．
n型とp型の半導体を接合すると，接合面をまたいで電子が移動するから仕事関数が変わるんだ．
それを検出するのは得意中の得意．

Chapter 7

さらに一歩先へ：
プローブのいろいろ

　最終章ではやや特殊な AFM プローブを紹介し，あわせて探針先端のかたちとカンチレバーのバネ定数を調べる方法を説明する．プローブは小さくて壊れやすいうえに，毎回の測定で使用する消耗品であるが，AFM の分解能と感度を決定する重要なパーツである．しかも決して安価ではない．プローブをよく知って AFM 初級者を卒業しよう．

7.1 探針のかたち

　探針のかたちは AFM の位置分解能を決定する重要な要素である（図7.1 (a)）．いくら精密に AFM を操作しても探針先端より小さな物体の形状は「ぼけて」しまう．試料表面の微細構造を解像したいときは，できるだけ鋭い探針を使いたい．市販プローブでは探針先端の曲率半径は 10 nm 程度であることが多い．より小さな曲率半径（たとえば2 nm）を保証するプローブもあるが高価である．観察の目的に応じて選択する．画像計測中に探針先端が摩耗したり，ゴミが付着して顕微鏡画像の分解能が低下することがよくおきる．我慢して観察を続けると付着物がはずれて分解能が改善することもあるが運しだいである．元へ戻らないと判断したら新しいプローブに交換する．

　耐摩耗性や導電性を付与するためにダイヤモンドやアモルファスカーボンの薄膜で探針を被覆したプローブも販売されている．急峻な段差構造や穴状構造を計測するためにアスペクト比（長さ/太さの比）が高い探針をもつプローブも製造されている（図7.1 (b)）．

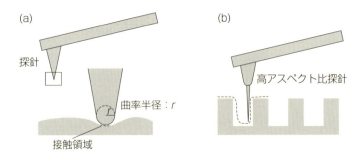

図7.1　探針のかたち

Chapter 7 さらに一歩先へ：プローブのいろいろ

7.2 探針先端のかたちを調べる

　AFMを利用していると自分が使っている探針先端のかたちを知りたくなることがある．ひとつの方法は，走査型電子顕微鏡（SEM）で探針先端を撮影することである（図7.2）．使用するSEMの分解能によって評価できる探針先端の最小サイズが決まる．SEM観察を長時間続けると探針にカーボンが堆積してかたちが変わってしまうことに注意する．

　もうひとつの方法は，かたちと大きさが正確にわかっている探針校正試料を使うことである．たとえば図7.3のような剣山状の校正試料の形状像を測定する．得られた形状像は校正試料のかたちと探針先端のかたちの畳みこみ（コンボリューション）である．校正試料のかたちは既知だから，これを差し引くことで探針先端のかたちを知ることができる．この操作に対応するルーチンをもつ解析ソフトウェアも販売されている．

 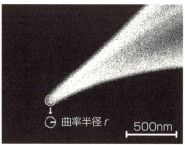

図7.2　探針先端の走査型電子顕微鏡写真

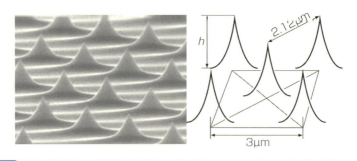

図 7.3 校正試料（NT-MDT 社，TGT 1）
【出典】東京インスツルメンツ社ホームページ

7.3 プローブの再使用

　測定結果の再現性を確認したり，複数試料の表面形状を比較するために，同じプローブを使って実験を繰り返したいことがある．またプローブは安価ではないから，使用済みのプローブを再使用して試料の概況を測定し，試料作製の条件を整えたうえで新品プローブで観察したいこともある．

　ただし，使用済みプローブは探針先端が摩耗して太くなっていたり，以前の試料が付着している恐れがある．摩耗した探針で走査しても，先端径より小さな表面構造を写しとることはできない．またカンチレバーに付着した汚染物質を完全に除去することは難しい．

　使用済みプローブを洗浄するときは，予期される汚染物にあわせて酸や純水もしくは有機溶媒で繰り返し洗って乾燥する．プラズマエッチングやオゾンエッチングしてもよい．ただし，プラズマエッチングはカンチレバーや探針にダメージを与える恐れがある．シリコン製の探針をオゾンエッチングすると酸化皮膜が厚くなって，探針先端が太くなってしまう場合がある．

7.4 コロイドプローブ

　試料表面の微細構造を写しとるために誕生したAFMであるにもかかわらず，あえて丸い玉（コロイド）をカンチレバーに接着して探針として用いる場合がある（図7.4）．これのようなプローブをコロイドプローブ（またはコロイダルプローブ）とよぶ．

　Chapter 5で説明したように，フォースカーブ測定をもとに試料のヤング率を評価するときは探針の先端形状を正確に知りたい．しかし，先端を尖らせることに特化した探針の形状を知ることは難しく，測定中に先端形状が変わってしまうことも多い．そこで先端を尖らせた探針のかわりに，ガラスやポリスチレンの球形粒子（直径0.1～5 μm程度）をカンチレバー先端に固定して探針として用いるのである．サイズの大きい粒子を探針として用いることでAFMの水平位置分解能は失われるが，力学応答を定量的に計測できる利点が生まれる．したがって，コロイドプローブはもっぱらフォースカーブ測定に用いられる．形状像の測定に使うことはない．

　球形粒子の表面を親水性または疎水性の有機化合物で被覆して，試料表面とのあいだにはたらく親水性相互作用または疎水性相互作用に起因する力を選択的に測定することもできる．用途に応じてさまざまな大きさと材質の粒子を装

図7.4　コロイドプローブ

図 7.5 コロイドプローブの走査型電子顕微鏡写真（東陽テクニカ社 sQube）

【出典】https://www.toyo.co.jp/microscopy/products/list/contents_type=1922

着したプローブが販売されている（**図 7.5**）．通常のプローブに微粒子を接着して自作することもできる．自作法を次節で紹介する．

7.5 コロイドプローブの自作法

コロイド粒子をカンチレバーに装着するには 3 つの形式がある．

(1) 探針の側面にコロイド粒子を固定したプローブ（**図 7.6**（a））
　　コロイド粒子をカンチレバー背面と探針側面で挟むようにして強固に接着

図 7.6 3 種類のコロイドプローブ

できる．ただし探針長さより直径の大きな粒子しか装着できない．粒子からカンチレバーへ力が伝わる場所が探針位置から手前にずれる．カタログ記載のバネ定数は探針位置に力がかかることを前提にした値なので，この形式のコロイドプローブのばね定数は公称値から変化する．

(2) 探針のないカンチレバーにコロイド粒子を固定したプローブ（図7.6(b)）

直径の小さなコロイド粒子でも装着できる．装着位置によってカンチレバーのバネ定数が変化してしまうのは（1）と同じである．

(3) 探針先端にコロイド粒子を固定したプローブ（図7.6(c)）

直径の小さなコロイド粒子でも装着できる．装着位置が探針位置と等しいのでカンチレバーのバネ定数は変化しない．ただしコロイド粒子と探針の接触面積が小さいので，コロイド粒子を慎重かつ強固に固定しなければならない．

形式（3）のコロイドプローブを自作する方法を**図7.7**に示す．カンチレ

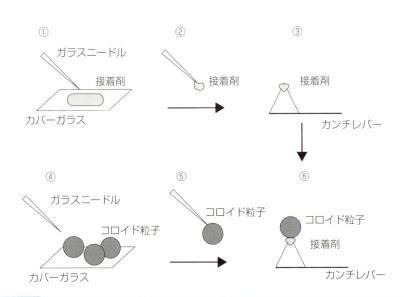

図7.7 コロイド粒子を探針先端に接着する

バーの先端を光学顕微鏡で観察しながら，ガラス電極などに用いるガラスニードルを使って，探針先端にエポキシ接着剤をつける（図7.7の①から③）．次に，④ガラス基板の上にコロイド粒子を分散し，⑤そのひとつを別のガラスニードルで持ち上げる．⑥接着剤をつけた探針にコロイド粒子を降ろして接着剤が硬化するまで静置する．接着剤がやわらかいうちに粒子を降ろすと接着位置がずれやすい．適当に固まってきた接着剤に粒子を降ろすタイミングの判断に経験を要する．

7.6 カンチレバーのバネ定数を求める

探針にかかる力 F をカンチレバーのたわみ量から算出するとき，カンチレバーのバネ定数 k が必要となる．カタログに記載されているバネ定数は典型値であって，ひとつひとつのカンチレバーを測って求めた値ではない．現実のカンチレバーにはばらつきがあるから，探針にかかる力やヤング率の絶対値を精度よく求めたいときに，自分が使うカンチレバーごとにバネ定数を推定あるいは決定する方法を説明する．

7.6.1

カンチレバーの形状からバネ定数を推定する

光学顕微鏡または電子顕微鏡でカンチレバーの形状を実測し，片持ち梁のバネ定数を算出する公式に代入して求める．たとえば短冊型カンチレバーのバネ定数は，

$$k = \frac{Et^3 w}{4\, l^3} \tag{7.1}$$

である．ここで E はカンチレバー材料のヤング率，l はカンチレバーの長さ，

Chapter 7 さらに一歩先へ：プローブのいろいろ

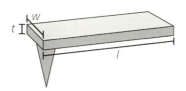

図 7.8　短冊型カンチレバーの寸法

w はカンチレバーの幅，t はカンチレバーの厚さである（図 7.8）．材質が同じであれば，カンチレバーが長いほど，また薄いほどバネ定数は小さくなる．

7.6.2
熱振動スペクトルからバネ定数を決定する

カンチレバーは室温の熱エネルギーによって微小振動している（図 7.9）．カンチレバーを自由度 1 の調和振動子とみなすとエネルギー等分配則によって，

$$\frac{1}{2}k\langle x^2 \rangle = \frac{1}{2}k_B T \tag{7.2}$$

となる．ここで $\langle x^2 \rangle$ は熱振動するカンチレバーの平均二乗変位，k_B はボルツマン定数，T は絶対温度である．温度が同じであれば，やわらかい（バネ定数 k の小さい）カンチレバーほど大きな振幅で熱振動する．この関係を利用す

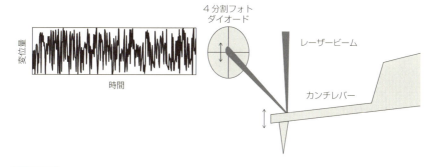

図 7.9　カンチレバーの熱振動

97

れば $\langle x^2 \rangle$ を測定してばね定数を算出できる．実際のカンチレバーは質点ではないので，比例係数 β がかかって

$$k = \beta \frac{k_B T}{\langle x^2 \rangle} \tag{7.3}$$

に代入し k を決定できる．市販されている顕微鏡装置の多くは，この原理にもとづいてバネ定数を求める機能を制御ソフトウェアに搭載している．ただし，この機能を利用するためにはカンチレバー変位の検出感度（nm V^{-1}）を知っておく必要がある．検出感度は，変形が無視できる硬い基板（金属基板やガラス基板）の接触領域の傾き（図5.2）から算出することができる．

　カンチレバー変位の検出感度を求める方法は5.2節で説明したが，もう一度簡単に述べる．カンチレバーの変位（たわみ量）は4分割フォトダイオードの差分電流を変換した電圧 V として測定される．測定量である電圧 V をカンチレバーの変位 d に換算するために，剛体とみなしてよい硬い試料（ガラスや金属など）の表面でフォースカーブ（d と Z の関係）を測定し，原点付近のカーブを直線でフィットしてその傾きを求める．変位検出感度を実測するこの方法は正確でわかりやすいが，フォースカーブを測るときに探針を硬い試料に強く接触させるので探針先端を壊してしまう恐れがある．目的とする試料の測定を終えた後の方がよい．

　測定したカンチレバーの平均二乗変位 $\langle x^2 \rangle$ は熱振動に由来する成分（いま求めようとしている量）の他に，計測器や電気回路に由来する熱雑音を含んでいる．両者を分離するために，カンチレバー熱振動とその他の熱雑音の周波数が異なることを利用する．まずカンチレバーの励振を止めてカンチレバー変位を連続測定する．このデータ（図7.9の左の波形）をフーリエ変換してパワースペクトルを求める．この操作は振動周波数ごとの振動振幅を求めたことに相当する．カンチレバーの熱振動は，カンチレバーの共振周波数近傍にのみ振幅をもつ．そこで共振周波数（カタログ値でよい）近傍のパワースペクトルを調べるとピークがひとつ見つかるはずである（**図7.10**）．このピークがカンチレバー熱振動である．カンチレバーの熱振動スペクトルはローレンツ関数によくしたがうことがわかっているので，ピーク近傍をローレンツ関数でフィットする．フィットした関数をもとに熱振動に由来する平均二乗変位 $\langle x^2 \rangle$，正確な

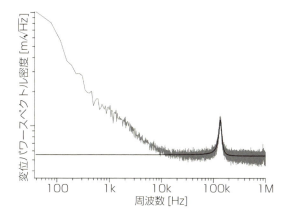

図 7.10 あるカンチレバーの熱振動スペクトル

周波数 150 kHz 付近にあらわれたピークがカンチレバー熱振動の成分である．なめらかな実線はピークを測定値にフィットしたローレンツ関数である．

共振周波数 f_0，カンチレバー共振の Q 値を決定できる．

7.6.3
セイダー法でバネ定数を推定する

ジョン・セイダー（John Sader，オーストラリアの研究者）が提案した方法で，カンチレバーの共振周波数 f_0 と Q 値を与えてバネ定数を算出する．探針先端を壊すことなくバネ定数を推定できる点ですぐれている．公開されたホームページ（**図 7.11**）にアクセスして，カンチレバーの長さと幅，共振周波数，Q 値，測定媒質の密度と粘度（水中で測定するなら水の密度と粘度）を入力するとバネ定数の推定値が表示される．

ローレンツ関数

　空気や液体のなかで強制振動させたカンチレバーは

$$m\frac{d^2x}{dt^2} + \gamma\frac{dx}{dt} + kx = F\cos(\omega t)$$

という運動方程式にしたがう．ここで m はカンチレバーの換算質量，γ は媒質による粘性抵抗をあらわす定数，k はカンチレバーのバネ定数，ω は強制振動を起こす外力の角振動数である．媒質の粘性が大きいとき γ は大きくなる．式の右辺にあらわれる $F\cos(\omega t)$ はピエゾ素子による励振をあらわしており，励振の角振動数が ω で励振の振幅が F である．この微分方程式を解くとカンチレバーの振動 $x(t)$ について

$$x(t) = x_0 \cos(\omega t + \theta)$$

の解が得られる．振動振幅（励振振幅とは異なる）をあらわす x_0 は

$$x_0^2 = \frac{F^2}{m^2(\omega^2 - \omega_0^2)^2 + \gamma^2\omega^2}$$

にしたがう．ここで，$\omega_0 = \sqrt{\frac{k}{m}}$．カンチレバーの共振角振動数（振幅が最大値を示す角振動数）は，γ の値に依存する．この式の右辺がローレンツ関数である．カンチレバーの機械的振動から分子内の伸縮振動にいたるまで共振現象を理解する根幹となる関数である．詳しいことを知りたい読者は，摩擦を含む強制振動の力学を勉強してほしい．参考書を巻末にあげる．

 AFM プローブがもっと安かったらいいのにね．

Chapter 7 さらに一歩先へ：プローブのいろいろ

http://www.ampc.ms.unimelb.edu.au/afm/webapp.html

図 7.11　セイダー法でバネ定数を推定するウェブページ

小さいカンチレバーの先端に，とっても小さな探針をくっつけて，精密に作らなきゃならないからメーカーもたいへんだよ．
半導体の加工技術を利用して作っているんだ．
輸入品の値段は外国為替の影響で変わることもあるね．

参 考 書

[1] 秋永広幸監修：『走査型プローブ顕微鏡入門』オーム社（2013）.

[2] 応用物理学会有機分子バイオエレクトロニクス分科会編：『有機分子の STM/AFM』共立出版（1993）.

[3] 重川秀実，吉村雅満，河津璋編：『実験物理科学シリーズ　走査プローブ顕微鏡』共立出版（2009）.

[4] 重川秀実，吉村雅満，坂田亮，河津璋編：『実戦ナノテクノロジー　走査プローブ顕微鏡と局所分光』裳華房（2005）.

[5] 十河清，和達三樹，出口哲生著：『ゼロからの力学 I』岩波書店（2005）.
強制振動の力学がわかりやすく解説されている.

[6] 西川治編著：『走査型プローブ顕微鏡　STM から SPM へ』丸善（1998）.

[7] 日本化学会編：『第 5 版実験化学講座 28 巻　ナノテクノロジーの化学』第 2 章，丸善（2005）.

[8] 日本化学会編：『第 5 版実験化学講座 24 巻　表面・界面』3.13 節，3.14 節，3,15 節，3.16 節，4.3 節，丸善（2007）.

[9] 日本工業規格：「表面化学分析―用語―第 2 部：走査型プローブ顕微鏡に関する用語」JIS K 0147-2：2017，日本規格協会（2017）.

[10] 日本表面科学会編：『ナノテクノロジー入門シリーズ I　ナノテクのためのバイオ入門』共立出版（2007）.

[11] 日本表面科学会編：『ナノテクノロジー入門シリーズ II　ナノテクのための化学・材料入門』共立出版（2007）.

[12] 森田清三：『はじめてのナノプローブ技術』工業調査会（2001）.

[13] 森田清三編著：『走査型プローブ顕微鏡　最新技術と未来予測』丸善（2005）.

[14] 森田清三編著：『極微な力で拓くナノの世界』クバプロ（2006）.

[15] W.C. Oliver, G. M. Pharr：*J. Mater. Res.*, **19**, 3（2004）.

ウェブ

[16] 日本学術振興会産学協力研究委員会ナノプローブテクノロジー第 167 委員会　http://www.npt 167.jp

　走査型プローブ顕微鏡の基盤技術開発と応用展開の組織的発展をはかるために 1997 年に設立された産学協力体．プローブ顕微鏡に関連する技術発展を予測するロードマップを編纂してウェブ公開している．走査型プローブ顕微鏡および AFM プローブなどの周辺機器を製造販売する企業へのリンク集もある．

画像解析ソフト（フリーウェア）のダウンロードサイト

[17] Gwyddion : http://gwyddion.net/

[18] WSxM : http://www.wsxm.es/

おわりに

走査型プローブ顕微鏡を使うことになったけれども，一回もさわったことがない方々を想定読者として本書を執筆しました．Chapter 1 で原理を含めたイロハを説明し，Chapter 2 では身の回りにある試料を AFM 装置にとりつけて測ってみる手順を説明しました．AFM プローブという小さくてもろくて，しかも決して安価ではないパーツの取り扱いはうまくいったでしょうか？　どうにかこうにか自分で計測した顕微鏡画像にノイズが入っていたり，ドリフトのために歪んでいたら，どうしたらよいでしょうか？　測定した画像から正しい形状情報を引き出す手順が Chapter 3 の主題でした．ここまでたどり着いた読者は AFM 初級者を自称してよいでしょう．

本シリーズの他巻でとりあげられているいろいろな分析手法と比較して，走査型プローブ顕微鏡は初級者になるまでの道のりが険しい特徴があります．自分 1 人で装置のマニュアルを読んで，はじめて顕微鏡画像を撮ろうとすると，なかなかうまくいかないうちに日にちが過ぎてしまうこともあるかもしれません．できるだけ早く初級者になりたい読者に，本書が少しでも役に立てばうれしいです．

Chapter 4 では生体物質を AFM で測定したい読者のために，マイカ基板を化学修飾する方法やエラー信号の使い方を述べました．軟らかくて凹凸の激しい生体物質は AFM にとって難しい観察対象です．一方で，乾燥していない試料を水溶液中で計測できる AFM の特長をもっとも活かすことができる対象でもあります．Chapter 5 では AFM を利用した弾性計測の初歩を説明しました．炭素繊維を練りこんだ合成高分子に代表される複合材料の AFM 分析では，探針で試料を押し付けたときのへこみ方をもとに材料の硬さ／軟らかさを判断することが重要です．硬さ／軟らかさを定量する尺度としてヤング率がでてきました．わかりやすく説明したつもりですが，化学らしくない内容に苦戦

した読者がおられたかもしれません．走査型プローブ顕微鏡を電気的な計測に利用することもよくあります．Chapter 6 ではその一例として，ケルビンプローブフォース顕微鏡による局所仕事関数の測定を紹介しました．Chapter 7 は，少し変わった形の AFM プローブについて述べました．Chapter 3 までの基礎を習得したうえに，Chapter 4 から Chapter 7 のうちのいずれか 1 つの章の内容に習熟したら初級者を卒業です．

　本書は淺川雅・岡嶋孝治・大西洋の 3 名が執筆しました．わかりやすく説明することを第一目標として何回も書きなおしたので境界があいまいですが，淺川は第 2・4・7 章を，岡嶋は第 4・5・7 章を，大西は第 1・3・5・6 章をおもに担当しました．3 人ともはじめての入門書執筆であったため，脱稿までに予想外の時間を要してしまいました．忍耐強く待っていただいた編集委員会と編集部のみなさまに感謝いたします．

2017 年 10 月

淺川　雅

岡嶋孝治

大西　洋

索　引

【欧字】

AFM プローブ …………………… *16*
Q 値 ………………………………… *17*

【あ】

アスペクト比 …………………… *90*
圧縮率 ……………………………… *73*
圧入 ………………………………… *69*
アプローチ ……………………… *27*
アミノ基 ………………………… *53*
エラー …………………………… *28*
エラー信号像 …………………… *57*
応力 ……………………………… *72*
オープンループ ………………… *48*

【か】

界面液体 ………………………… *80*
画像処理 ………………………… *44*
ガラス板 ………………………… *31*
カンチレバー …………………… *9*
共振周波数 ……………………… *17*
近接場光 ………………………… *74*
グラファイト …………………… *31*
クローズドループ ……………… *48*
ケルビンプローブフォース顕微鏡 ……… *85*
ケルビン法 ……………………… *84*
原子間力顕微鏡 ………………… *8*
剛性率 …………………………… *73*
剛体 ……………………………… *65*
光熱励振 ………………………… *35*
高分子 …………………………… *31*
コラーゲン ……………………… *50*
コロイドプローブ ……………… *93*
コンタクトモード ……………… *8*
コンボリューション …………… *91*

【さ】

酸化チタン ……………………… *6*
磁気励振 ………………………… *35*
仕事関数 ………………………… *84*
脂質二重膜 ……………………… *61*
周波数変調 AFM ………………… *11*
食品ラップ ……………………… *26*
シラン …………………………… *54*
シリコン（111） ………………… *3*
シリコンウェハ ………………… *31*
真空準位 ………………………… *84*
振動振幅 ………………………… *24*
振幅変調 AFM …………………… *11*
生細胞 …………………………… *57*
接触電位差 ……………………… *84*
セットポイント ………………… *27*
走査型トンネル顕微鏡 ………… *2*

【た】

体積弾性率 ……………………… *73*
ダイナミックモード …………… *8*
ダブルチップ …………………… *39*
弾性体 …………………………… *68*
タンパク質 ……………………… *50*
定電流形状像 …………………… *2*
デオキシリボ核酸 ……………… *29*
動物細胞 ………………………… *77*
ドメイン ………………………… *32*
ドリフト ………………………… *41*
トンネル効果 …………………… *2*
トンネル電流 …………………… *2*

【な】

内部摩擦 ………………………… *78*
ナノ IR …………………………… *74*
ナノテクノロジー ……………… *7*

106

索　引

ナノラマン ……………………………74
ナノ粒子 ………………………………86
熱振動 …………………………………97
粘弾性体 ………………………………78
ノイズ …………………………………45

【は】

バネ定数 ………………………………17
パワースペクトル ……………………98
ピエゾ素子 ……………………………35
ピエゾ励振 ……………………………35
ヒステリシス …………………………66
表面再構成 ……………………………4
フィードバック制御 …………………59
フォースカーブ ………………………64
フォトダイオード ……………………66

フックの法則 …………………………67
物理吸着 ………………………………7
ヘルツモデル …………………………75
ポアソン比 ……………………………72
ポリエチレン …………………………74
ポリスチレン …………………………74

【ま】

マイカ …………………………………29
メジアン ………………………………46

【や】

ヤング率 ………………………………71

【ら】

リジン …………………………………53

［著者紹介］

淺川　雅（あさかわ　ひとし）
2007年　九州工業大学大学院生命体工学研究科博士課程修了・博士（工学）
現　在　金沢大学理工研究域物質化学系応用化学コース　准教授
専　門　ナノ計測，界面化学

岡嶋　孝治（おかじま　たかはる）
1993年　東京工業大学大学院理工学研究科物理学専攻修士課程修了・博士（理学）
現　在　北海道大学大学院情報科学研究科　教授
専　門　生物物理学，バイオナノテクノロジー

大西　洋（おおにし　ひろし）
1987年　東京大学大学院理学系研究科修士課程修了・博士（理学）
現　在　神戸大学大学院理学研究科化学専攻　教授
専　門　界面分子科学
主　著　Noncontact Atomic Force Microscopy（共著, Springer, 2002）

分析化学実技シリーズ
機器分析編 15
走査型プローブ顕微鏡
Experts Series for Analytical Chemistry
Instrumentation Analysis : Vol.15
Scanning Probe Microscope

2017 年 12 月 25 日　初版 1 刷発行

編　集　（公社）日本分析化学会　©2017
発行者　南條光章
発行所　共立出版株式会社
〒112-0006
東京都文京区小日向 4-6-19
電話　03-3947-2511（代表）
振替口座　00110-2-57035
URL http://www.kyoritsu-pub.co.jp/

印刷
製本　藤原印刷

検印廃止
NDC 549.97
ISBN 978-4-320-04454-8

一般社団法人
自然科学書協会
会員

Printed in Japan

JCOPY　<出版者著作権管理機構委託出版物>
本書の無断複製は著作権法上での例外を除き禁じられています．複製される場合は，そのつど事前に，出版者著作権管理機構（TEL：03-5513-6969，FAX：03-5513-6979，e-mail：info@jcopy.or.jp）の許諾を得てください．